中国大型交通枢纽建设与运营实践丛书·浦东国际机场系列

大型枢纽机场平安机场建设研究

马国丰　袁　涛　编著

同济大学出版社
TONGJI UNIVERSITY PRESS
·上海·

图书在版编目(CIP)数据

大型枢纽机场平安机场建设研究 / 马国丰，袁涛编著. —上海：同济大学出版社，2024.7

（中国大型交通枢纽建设与运营实践丛书. 浦东国际机场系列）

ISBN 978-7-5765-0705-8

Ⅰ. ①大… Ⅱ. ①马… ②袁… Ⅲ. ①国际机场—机场建设—研究—中国 Ⅳ. ①TU248.6

中国国家版本馆 CIP 数据核字(2023)第 018380 号

大型枢纽机场平安机场建设研究

马国丰　袁　涛　编著

责任编辑　金　言
责任校对　徐春莲
封面设计　张　微

出版发行　同济大学出版社　www.tongjipress.com.cn
（地址：上海市四平路 1239 号　邮编：200092　电话：021－65985622）
经　　销　全国各地新华书店、建筑书店、网络书店
排版制作　南京文脉图文设计制作有限公司
印　　刷　常熟市华顺印刷有限公司
开　　本　787mm×1092mm　1/16
印　　张　12.5
字　　数　258 000
版　　次　2024 年 7 月第 1 版
印　　次　2024 年 7 月第 1 次印刷
书　　号　ISBN 978-7-5765-0705-8
定　　价　98.00 元

丛书编委会

总　　序

改革开放以来，我国民航业飞速发展，国际地位和影响力大幅提升。特别是进入21世纪后，航空运输规模已经连续18年位居全球第二，对全球航空运输增长的贡献率超过20%。这为我国民航业由“大”到“强”的新跨越奠定了坚实基础。2019年9月，我国发布了《交通强国建设纲要》，确定了到2035年，基本建成交通强国的战略目标，并提出要构筑多层级、一体化的综合交通枢纽体系，依托京津冀、长三角、粤港澳大湾区等世界级城市群，打造具有全球竞争力的国际海港枢纽、航空枢纽和邮政快递核心枢纽等战略举措。民航强国是交通强国建设的重要组成部分，2024年2月，中国民航局发布的《新时代新征程谱写交通强国建设民航新篇章行动纲要》中提出，到2035年，建成航空运输强国，民航在行业安全、服务能力、设施装备、技术创新和管理水平等方面加速迈向国际一流水平。民用机场作为民航行业及综合交通的重要基础设施，是区域对外开放的重要空中通道与国民经济发展的重要动力源。可以说，国际一流水平大型枢纽机场的建设与管理是关系到交通强国建设、对外开放和经济高质量发展的重要议题。

大型枢纽机场的运营管理是一个复杂系统，深入研究和提高效能的空间很大。国际上领先的大型枢纽机场都在持续探索更好的建设和运营管理模式，通过研究团队开展对标研究及学习参考。进入新时代，面向新的技术革命打造未来机场，民航局提出的以“平安、绿色、智慧、人文”为核心的四型机场建设，为中国机场未来的高质量发展指明了方向。因此，对大型枢纽机场建设与运营管理的研究必须与时俱进。依托世界一流的土木工程、建筑设计、城市规划等学科基础，同济大学经济与管理学院多个教授团队开展了大型枢纽机场的建设与管理研究和教学工作，相关的学术研究和社会服务水平处于国内高校的前列，其研究团队活跃于国内领先的枢纽机场建设和管理实践中。

上海浦东国际机场为4F级民用机场、中国三大门户复合枢纽机场之一，是华东区域第一大枢纽机场、门户机场。上海浦东国际机场致力于持续提升管理水平，与同济大学经济与管理学院的研究团队积极合作，开展了多年的大型枢纽机场对标与管理模式研究工作，构建了完善的服务管理体系，不断提升浦东国际机场的服务品牌，推进了机场运营管理实践的高质量发展。“中国大型交通枢纽建设与运营实践丛书·浦东国际机场系列”展现了上述合作研究的主要成果，围绕四型机场建设和管理，从总体管理模式、平安机场、绿色机场、智慧机场、人文机场等角度进行了研究和总结，期望研究成果能够有效助力未来机场的建设和高质量发展。

本丛书体现了三个主要特色。一是理论研究与管理实践相结合。同济大学的研究团队擅长大型枢纽机场管理体系构建和运营管理提升的理论研究，机场的研究团队熟悉大型枢纽机场管理的实践，对提出的新管理模式和方法有很好的判断，确保了本丛书研究成果的逻辑性和实践性。二是面向未来的机场管理研究。当今科学技术发展日新月异，互联网、大数据、人工智能技术突飞猛进，本丛书的研究团队注重从数字和智慧角度研究推进面向未来的四型机场建设理论和实践，判断未来大型枢纽机场建设与管理的演变趋势。三是国际视野和本土实践的结合。本丛书的研究团队应用对标管理的方法开展国际对标研究，从各自的板块或领域找寻世界上领先的大型枢纽机场的管理最佳实践，挖掘管理指标差异背后的原因，进行深入的对标剖析，进而提出本土化的管理实践提升方案，彰显了研究成果的先进性和可操作性。

本丛书是同济大学经济与管理学院研究团队和上海浦东国际机场同仁们共同探索未来机场建设和高质量发展进程中跨出的第一步。衷心希望丛书展现的研究成果能够为我国大型枢纽机场高质量发展提供有益的借鉴和帮助，为有效推进大型枢纽机场运营管理水平的提升作出积极贡献。

尤建新 教授

同济大学经济与管理学院

2024 年 3 月 5 日

前　言

当前，平安、绿色、智慧、人文的四型机场全新理念，推动着机场由基础的航空运输服务功能向集航空生产服务、旅客生活服务、商业运营服务等多功能于一体的综合服务平台转变，促进机场服务自助化、机场运营社区化、机场功能多元化发展。

安全是民航业的生命线，任何时候、任何环节都不能麻痹大意。在四型机场建设中，平安是基本要求。机场应树立和践行“大安全”理念，统筹兼顾好不同区域、不同业务、不同情形及全生命周期下不同时间节点的安全工作，坚守空防、治安、运行和消防安全。从事前主动防御和事中、事后快速响应两个维度，着力航空安全防范、业务平稳运行、应急管理、快速恢复四种安全能力建设，在机场全范围内，实现整体公共环境的安全稳定、业务运行的平稳有序及应急处置的及时有效。

随着我国社会经济水平的不断提升，机场的业务量也在不断扩大，对于大型枢纽机场来说，要以智慧安防为支撑，强化情报信息预警，强化领先科技支撑，提升机场安全防范能力；要以解决问题为导向，确保飞行区与非飞行区的安全运行，提升机场平稳运行能力。上海浦东国际机场（Shanghai Pudong International Airport，以下简称“浦东机场”）因场因时施策，准确把握机场发展基础和特征，精准定位、科学确立近远期发展目标，有针对性地开展平安机场规划和建设，坚持全生命周期管理，在规划、设计、施工、运营等不同阶段接续实施、不断提升，为广大旅客提供安全、便捷、舒适的乘机服务和候机环境。

浦东机场牢固树立“持续安全”理念，不断强化“底线思维与红线意识”，从组建机构、整章建制入手，不断探索积累，逐步建立了适应自身特点的较为完整的体系化安全管理模式。目前在机场规模不断扩大、安全管理链条越来越长的情况下，浦东机场上下齐力，针对薄弱环节，着重在安全管理精细化、运行保障系统化、规章标准制度化、监督管理常态化等方面狠下功夫，凸显过程管理，不断提高自身管控能力。同时浦东机场还以“平安机场”建设专项行动为契机，强化安全文化建设，深入推进安全管理体系建设，不断提升浦东机场安全运行品质和保障能力。

本书第1章介绍了四型机场的基本概念，从政策背景、环境背景两个方面叙述平安机场的建设背景，从核心思想、主要目标等方面详细讨论了平安机场的建设纲要。

第2章以相关安全管理理论为基础，阐述了平安机场建设目标以及建设主要任务，提出了平安机场安全管理要求，并从实际案例出发介绍了若干机场的安全建设实践。

第3章提出了平安机场安全管理体系框架，详细叙述了平安管理体系的内容，并对如何建设及运营安全管理体系提出了建议。

第4章、第5章分别介绍了机场内飞行区及非飞行区的安全建设要点，包括安全建设主要内容、建设方法及相关建设案例。

第6章以浦东机场为案例，从飞行区及非飞行区两个方面介绍了其平安机场管理实践内容。

第7章介绍了平安机场的评价过程，包括运营需求介绍、关键指标梳理及指标体系构建3个部分，同时提出了实现安全建设的方案及方法。

第8章总结了目前平安机场建设成效，并对未来平安机场建设模式提出展望。

本书注重理论与实际结合，从建设背景、相关理论、管理体系和建设要点等多方面对平安机场进行分析，同时与浦东机场管理实践相结合，以期达到理论指导实践，实践检验理论的目的。本书对于不同岗位的机场管理人员、服务人员和不同发展阶段的机场管理具有一定的借鉴意义。书中如有表述不当之处，敬请读者指正。

马国丰

2023年8月22日

目　　录

第 1 章

导　　论

1.1 平安机场建设背景

1.1.1 四型机场

2020 年 1 月，中国民用航空局发布《中国民航四型机场建设行动纲要（2020—2035 年）》，同年 10 月，《四型机场建设导则》[1]正式发布，明确了中国机场的发展道路。

四型机场以“平安、绿色、智慧、人文”为中心，依托科技进步、改革创新、协同分享，通过全过程、全要素、全方位优化，达到安全运行保障有力、生产管理精细智能、旅客出行便捷高效、环境生态绿色和谐，充分体现新时代高质量发展要求。

平安机场是指安全生产基础牢固，安全保障体系完备，安全运行平稳可控的机场；绿色机场是指在全生命周期内实现资源集约节约、低碳运行、环境友好的机场；智慧机场是指生产要素全面物联，数据共享、协同高效、智能运行的机场；人文机场是指秉持以人为本，富有文化底蕴，体现时代精神和当代民航精神，弘扬社会主义核心价值观的机场。

平安、绿色、智慧、人文四大元素相辅相成，不可分割。其中，平安是基本要求，绿色是基本特征，智慧是基本品质，人文是基本功能。

1.1.2 政策背景

党的十八大以来，以习近平同志为核心的党中央高度重视民航安全工作。习近平总书记对民航安全工作作出重要批示，要求民航“首先要坚持民航安全底线，对安全隐患零容忍”。党的十九大报告进一步强调：“要树立安全发展理念，弘扬生命至上、安全第一的思想，健全公共安全体系，完善安全生产责任制，坚决遏制重特大安全事故，提升防灾减灾救灾能力。”同时，党的十九大报告明确提出建设交通强国的要求。民航业作为国家重要战略产业，是交通强国的重要组成部分和有力支撑。

2018 年，全国民航工作会议强调要以习近平新时代中国特色社会主义思想为指导，深入学习贯彻党的十九大精神和中央经济工作会议精神，坚持新发展理念，全面落实“一二三三四”民航总体工作思路，始终坚守飞行安全底线，聚焦群众的需求和关切以及行业发展迫切需要解决的关键问题，推动民航高质量发展。

2019 年 9 月 25 日，习近平总书记出席北京大兴国际机场投运仪式，对民航工作作出重要指示，要求建设以“平安、绿色、智慧、人文”为核心的四型机场。平安机场作为四型机场的重要组成部分，是四型机场的发展基础，为旅客提供安全、稳定、和谐、有序的交通服务。

1.1.3 环境背景

中华人民共和国成立后，特别是改革开放后，民航机场业务发展迅速，机场数量不断增加，密度不断加大，规模不断扩大，运营和保障能力也得到了质的飞跃。但是，与国际上的民用航空大国比较，我国在安全管理、保障能力、运营效率、服务质量和管理上都存在着较大的差异，同时也存在着对环境的制约，发展不平衡的问题。党的十九大也指出，我国社会的主要矛盾已经转化为人民日益增长的美好生活需要和不平衡不充分的发展之间的矛盾。新时期人们对机场的新需求，促使机场补齐短板，提高效率，改善民生。因此，国家提出建设以“平安、绿色、智慧、人文”为核心的四型机场，为新时代机场发展提供了方向。平安机场是四型机场的基石，其地位和作用是毋庸置疑的。

要将安全工作作为机场的根本保障，不断改进和提高管理体制和管理水平，推动机场全面深化改革，发展方式向规模和效率型转变，发展动力从要素投资推动向创新驱动转变，努力建成“平安机场”，以适应广大人民对航空交通的美好需求，推动我国新时期的高品质发展，推动中国航空大国的发展，为国际机场的高品质发展作出贡献，分享中国智慧。

1.2 平安机场建设纲要

1.2.1 核心思想

平安机场建设应围绕空防安全、治安安全、运行安全和消防安全等民航安全的基本要求，贯彻执行“安全第一、预防为主、综合治理”的安全方针，运用系统安全理念，强化信息技术支撑，丰富人防、物防、技防等防范手段，加强安全风险评估，完善安全保障体系，全面提升安全综合管理能力。

1. 确保机场空防安全

坚持新发展理念和总体国家安全观，建设科学完善的机场空防安全法规标准体系、符合行业发展的航空安保管理体系和严密可靠的安保风险防控体系，从而有效防范化解空防重大风险。

具体来说，坚持民航“六严”工作理念，筑牢地面、空中、内部三条防线；推行领先于世界的管理理念和管理模式，强化科技化、智能化的防范手段运用，深化空防安全治理的改革创新；推行差异化安检新模式，实现安检提质增效；完善相关规章标准，确保安保要求在机场建设过程中落实到位；大力加强民航安保队伍政治建设，打造忠诚可靠业务过硬的安保队伍。

2. 确保机场运行安全

坚持“安全第一”不动摇，对安全隐患“零容忍”。推进安全隐患分级治理，完善安全风险防控体系，做到关口前移、源头管控、预防为主、综合治理。

人员管理上，健全安全生产责任体系，强化企业安全生产主体责任。实行安全生产“一票否决”制度，切实将安全责任落实到岗位和人；全面实施安全绩效管理，加强队伍作风和能力建设，持之以恒抓基层、打基础、苦练基本功，筑牢安全生产底线；推进机场特有工种职业技能鉴定，加强机场从业人员安全作风教育，提升素质能力。

建设手段上，充分利用新技术，采用多种技防手段全面提高对跑道侵入、鸟击、外来侵入物(Foreign Object Debris, FOD)类等不安全事件的防范水平；依托信息化手段，构建立体化运行安全防控体系，全面提升辅助决策、预警联动和应急处置能力；持续推进机场运行保障能力评估，完善评估指标体系和奖惩机制。

3. 加强薄弱环节风险防范

加大中小机场基础设施投入以及空管、机务、运行管理等专业人才培养力度，严防超能力运行风险；利用新技术提高气象观测和预报准确性，加大除冰雪设施设备等保障资源投入，提高不良天气条件下的运行管控和保障能力。

4. 提升应急处置能力

健全应急工作制度，强化工作管理机制，完善应急预案，补齐应急处置短板，全面构建与行业特点相适应的机场应急管理体系，提高在事故灾难、自然灾害及公共卫生、社会安全等不安全事件发生时的应急处置能力。

具体来说，可以建立应急救援实训基地，完善应急救护培训体系，增强应急演练的实战性、适用性；建设应急处置资源支持保障体系，探索建立区域应急处置资源支持保障中心，完善资源调用和征用补偿机制；加强全国机场备降机位建设和统筹管理，强化资源信息共享，提高机场备降保障能力。

1.2.2 主要目标

《中国民航四型机场建设行动纲要(2020—2035年)》指出，2020年是四型机场建设的顶层设计阶段，要描绘四型机场建设蓝图；2021—2030年是四型机场建设的全面推进阶段，应大幅提升机场的保障能力、管理水平、运行效率和绿色发展能力，建成世界领先的标杆机场；2031—2035年是四型机场建设的深化提升阶段，安全高效、绿色环保、智慧便捷、和谐美好的四型机场全面建成。

因此，平安机场的建设也应遵循上述时间节点，在2021—2030年对机场的航站区、飞行区及附属功能区等区域进行全方位优化，提升机场治理体系和治理能力的现代化水平，全力推进航空安全防范能力、业务平稳运行能力、应急管理能力和快速恢复能力的建设，从而保障运行安全、空防安全、消防安全和治安安全，实现公共环境安全稳定、运行状态平稳有序、应急处置及时有效，打造一个安全根基扎实牢固的现代化机场。

具体来讲，平安机场建设是平安中国建设的重要组成部分，目标是按照构建社会主义和谐社会的要求，以科学发展观为指导，组织动员机场各方面力量，落实社会治安综合治理各项措施，预防和化解机场地区的各种矛盾，着力解决影响旅客群众人身、财产等各类权益的问题，着力提升旅客群众的安全感，有效建立维护机场平安的长效机制，保障机场全面协调可持续发展。

1.2.3 工作基础

安全组织与制度体系是平安机场建设的基础。应以安全管理体系(Safety Management System，SMS)和航空安保管理体系(Security Management System，SeMS)为核心，建立、运行并维护科学的安全制度体系，健全安全管理的组织架构，提升安全人员的防范能力，强化安全风险管理和绩效管理，不断夯实机场安全生产的基础。

根据机场的组织架构，机场要确立“大安全”的思想，将机场安全链条的各个运行主体和业务单元都纳入安全管理的体系结构，细化机场各运行保障单位的安全管理职责，落实安全生产责任制，通过协调决策系统等技术手段强化机场各运行主体的信息共享和运行协调，建立权责明晰、管理高效的安全管理组织架构和运行机制，实现机场安全的一体化管理。

在人员防范方面，机场要建立“大安全”观念，提倡积极的安全机构，加强员工的安全教育和训练，提高员工的安全责任感和纪律；强化关键岗位员工的背景和安全管理，注重专业技术人才素质的培养，提高工作技术水平。

在风险控制方面，机场必须建立起一套有效的风险控制机制，把风险控制思想引入机场的日常运营中，并通过不断研究新技术，强化对危险源的识别、评估、控制和监测，完善安全风险管理和隐患排查整治的双重体系。

在业绩管理方面，必须构建一套安全业绩指标，以衡量安全状况，验证安全管理制度的执行效果，并对其进行评价和分析，以实现机场空防安全、治安安全、运行安全和消防安全等方面的不断完善，从而提升机场的安全管理水平。

1.2.4 有效途径

根据中国民用航空局平安机场建设工作方案，平安机场建设主要包括：一是对航站楼内的公共场所安全管理。主要内容为机场出入口、公共区域重点区域的防控，同时组织公安民警、武警和其他保安人员进行日常巡逻和值班；根据“专群结合，统筹协调，分区负责”的方针，完善和健全机场公共区的安全保卫工作规范；严格、规范安全防范措施，如安全检查、入境航班、出站口等。二是对公众场所进行视频监控，使终端及其他重要场所达到全方位、不留死角的监控。三是在机场突发情况下，编制完整的突发事件处理预案，完善武力制伏、自我防护等装备，强化有针对性的培训，提升对突发情况的处理能力。四是对企业的内部保障。重点加强对重点单位、重点岗位人员的监管，坚决防止出现重大违规行为和危害航空、保卫工作的事故。五是安全保卫工作，强调强化安检和保护航空等方面的功能。六是应对突发事件，加强对因飞机延误等原因引发的群发事故的处理，防止一些小问题变得越来越严重。

平安机场建设应以安全组织与制度体系为基础，从事前主动防御和事中、事后快速响应两个维度，着力航空安全防范、业务平稳运行、应急管理、快速恢复四种安全能力建设，参见图 1-1。

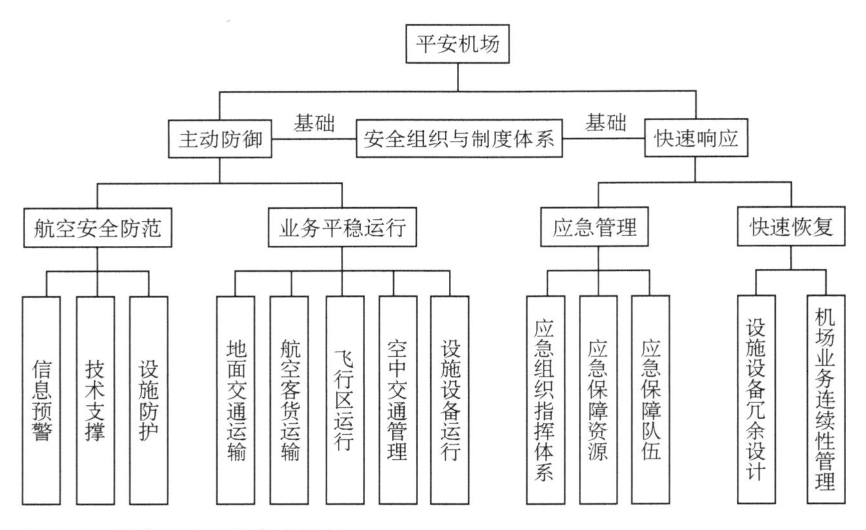

图 1-1 平安机场建设参考框架

来源：西部机场集团有限公司机场建设指挥部. 四型机场建设导则（MH/T 5049—2020）[S]. 北京：中国民用航空局，2020.

主动防御是指在危险发生前，机场具备对风险隐患的识别、分析、跟踪和处置能力；快速响应是指在危险发生时，机场具备快速处置和迅速恢复生产运行的能力。

四种安全能力中，航空安全防范聚焦空防安全和治安安全，通过筑牢整个机场的安全防范体系确保公共环境安全稳定；业务平稳运行聚焦运行安全，通过对影响机场正常生产运行的重点因素进行系统治理，确保整个机场系统运行的平稳有序；应急管理通过建立必要的应急机制，适时采取一系列必要措施，确保机场应对突发事件的及时有效；快速恢复聚焦设施设备的冗余设计和业务连续性管理,确保机场关键业务的持续运行。

1. 主动防御

机场应通过多种主动防御措施,提升航空安全防范能力和业务平稳运行能力。

在航空安全防范能力提升方面,通过前移安防关口,全面采集安全数据作为信息支撑,建立动态管理数据库并与国家安全等相关数据关联,开展综合分析从而实现针对性的风险识别和防范;同时,依托诸如生物识别、智能视频分析等科技创新强化技术进行主动侦测,实现对不同区域的全覆盖、立体式防护。设施防护上,应在进场路、航站区(楼)、飞行区等不同层级的入口及空陆侧交界处设置相应的安全保卫设施并开展安全防范能力评估,从而构筑多层级、立体化、全方位的安全防范体系。

在业务平稳运行能力提升方面,机场应结合实际,重点关注航站区的地面交通运输和航空客货运输,简化道路交通流线,加强交通安全管理,确保道路运输安全。此外,应聚焦整个机场系统,涵盖航站区、飞行区及空域等全方位业务,对诸如无人机管理、外来物(FOD)防范、鸟击防范,以及空中指挥管理机制、气象服务等加大投入并采用多种有效手段,进行系统有效管控。设施设备运行时,机场还可利用物联网、传感技术等实现运行状态监控、日常数据采集及智能诊断报警等,确保各类设施设备在机场运行期间始终处于适用状态。

2. 快速响应

机场应通过应急管理能力建设、恢复能力建设来实现快速响应。

在应急管理能力建设方面,机场应结合实际,构建高效的突发事件应急管理体系,并适时修订机场的各项应急预案,强化应急事件信息的监测预警和辅助决策。通过整合各类应急保障单位,建立及时响应、协同合作、运行高效的应急组织指挥体系;优化整合科技资源,加强先进应急保障设施设备的配备,建立应急保障资源储备制度;建设应急救援实训基地,定期开展应急演练培训,建立应急保障队伍,从而确保机场能够及时有效地响应和处置突发事件,提高机场的应急处置水平。

在恢复能力建设方面,机场应避免设施设备的冗余设计,充分考虑进出场道路、能源保障设施、弱电信息系统等重要生产保障设施设备的备份,同时也要加强机场业务的连续性管理,注重业务连续性计划的编写,并培训强化机场各单位的协同,从而在突发事件处置的同时,快速有效地恢复生产运行。

平安机场的建设,归根结底是为了营造机场团结和谐的管理环境、安定稳定的治安环境、公平竞争的经济环境、规范有序的法治环境、安居乐业的生活环境。平安机场建设内容涵盖管理、治安、经济、法治、生活环境等方面,与以前的“平安”观念相比,其在理论层面和现实层面上都有着更为深刻的内涵和背景。

1.2.5 有力保障

1. 中国民用航空局组织领导

中国民用航空局与地方政府联合推进、相关部门协同联动、全行业共同参与的工作机制使机场能够按照中国民用航空局行业管理部门的引领，统一认识、明确目标、集聚资源、扎实推进。同时，地方政府的主体作用也能确保各项目标任务落到实处，推动机场与周边区域协同发展。

2. 政策支持

政策兜底、制度保障以及合理的容错和免责机制能给管理创新、技术创新预留空间。政府资金的支持也能对机场的重点科研课题、关键技术研究、基础设施建设等给予帮助。

3. 高水平人才培养体系

跨领域、多层次人才培养体系能够培养一批高水平管理人才、科技人才和工匠人才，充分发挥专家政策咨询和技术支持作用，助力平安机场的建设。科研单位、行业协会等的积极参与主动作为也能为平安机场建设提供有力支持。

4. 高效运行的技术创新体系

依托民航科教创新攻关联盟搭建的合作交流平台及高水平人才的参与，能够推进机场综合创新能力建设，推动科研成果加速转化落地。同时，通过建设机场专业重点实验室、试验基地等创新平台，集中力量开展基础研究、前沿科技和应用技术重大课题研究，能够利用创新技术解决行业发展的重点难点问题，助力平安机场的建成。

参考文献

[1] 民航局发布《四型机场建设导则》[J]. 民航管理，2020(11)：66.

第 2 章

平安机场建设相关理论与实践

2.1 平安机场安全管理理论

2.1.1 海因里希法则

“海因里希法则”是美国著名安全工程师海因里希提出的 300∶29∶1 法则[1]。法则从对工伤事故的发生概率的分析出发，对保险公司的运营提出了法律建议。

海因里希首先提出了“事故因果链”理论，用来解释造成人员死亡的各种因素及其与死亡之间的联系。这一理论指出，受伤和死亡并不是孤立的，虽然受伤可以在一刹那突然出现，但它是一连串的连续事件造成的。

海因里希将事故的发生、发展过程描述为一系列事件的连锁反应过程，包括：①事故造成的人员死亡；②事故是由人的不安全行为和事物的不安全状况引起的；③人的不安全行为或事物的不安全状况是由人的过失引起的；④人类的缺点是由恶劣的环境引起的，或由先天的基因引起的。

海因里希法则是一种关于安全管理的理论，它反映了两种共同的规律：①安全事故的发生由多个环节组成，相互联系，只要有一个环节的防范，就可以避免事故；②预防轻伤、严重事故，必须重视对小事故的处理，否则，发生大事故是早晚的问题。

海因里希法则指出，任何事情都不会凭空产生，而是一步一步地进行。在这段时期，若各员工能够警觉、严格地遵守各项操作程序，及时排除各类安全隐患，会减少意外发生。否则，将会造成难以想象的巨大损失。因此，要加强对各个部门的管理，做到事无巨细。美国企业通常使用海恩里希法则进行前瞻性的安全管理，对没有危险的小事故进行报告和分析，从而避免造成有严重后果的事故。

在上述基础上，强化事故的分级、统计和分析，并根据受伤的类型、地点、事故的严重程度，开展安全宣传和安全工作。对员工进行风险预测和安全教育。根据安全工作流程和工作内容，分析各环节、场所或岗位的工作特点，找出问题和原因，并制定防范措施，对可能出现的危险事件进行集中处理，编写一份系统的风险预测训练资料，使之能够提前察觉风险、防止判断失误、操作失误，增强员工的安全意识。强化软硬件设施，营造安全的工作环境。针对安全事故、安全风险，不仅要进行安全知识和技术培训，还要从软件等方面着手，避免在作业中发生安全事故，营造安全的工作环境[2]。

2.1.2 冰山理论

著名的“冰山理论”于 1895 年由弗洛伊德和布洛伊尔联合发表在《歇斯底里症研究》上，随后该理论被应用到各个领域中。海明威曾将该理论运用到写作之中，从此该理论广为流传。弗洛伊德认为，人的人格就像海面上的冰山一样，露出来的仅仅只是一部分，即有意识的层面；剩下的绝大部分是处于无意识的，是看不见的，而这绝大部分在某种程度上决定着人的发展和行为。

冰山理论也可应用在机场安全管理领域，并具有指导意义[3]。在机场运营和管理过程中，水面上的安全事故是冰山一角，水面下可能隐藏着很大的安全事故隐患，仅凭表面现象不能判断危险程度，更不可忽视所谓的小事件。如果把露出水面的冰山看作事故的发生，那么要让冰山不露出水面，即事故不发生，就要减少冰山底部的体积，即从根源上消除隐患。如果把露出水面的冰山看作是人的安全行为，那么水下冰山就代表人的安全意识和安全知识，只有储备了大量的安全知识并具有很强的安全意识，才能保证具有安全行为，从而推动安全生产的顺利进行。

在机场安全管理方面，关键是要解决那些还没有暴露出来的隐患。通常情况下，不安全事件的发生大多是因为存在隐患。所以，要特别注意对隐患问题进行排查、发现和及时处置。尽早地解决意外事件，以确保最优先的安全。不能“一刀切”，要采取多种方式和方法。要充分调动、引导、维护和规范员工的工作；在分析原因时，要注意管理者自己可能存在的安全管理上的缺陷，这些缺陷可能会影响到公司的安全运用和管理。企业文化、人事制度、财务管理、销售管理等，都会影响到机场的安全管理。所以，必须对整个机场进行全面的安全管理，使之达到真正的科学。

2.1.3　系统安全管理

系统的安全性是从各个层面上考虑的，从整体上对系统进行全面剖析，重点突出各个子系统之间的边界，使其在生命周期的初期能够获得最大的收益[4]。在一定情况下，系统的安全性可以保证事故最小化，在保障各层面整体的安全性基础上，应对各子系统的安全问题，同时也可以最小化系统在运行过程中发生的安全性问题。系统安全性管理是以建立和执行系统的安全流程规划为基础，沟通并执行由管理层指定的各项工作，从而实现既定的安全性指标。

系统的安全性是指在满足各种作业和作业需求的前提下，确保企业在作出实验、生产、运营决定前，对残余的危险有足够的认识，以便作出决定。

系统安全管理的四个主要阶段是：①规划阶段，确定系统的目标和安全任务，确定实现的途径，依据系统特性、硬件部件的复杂度、单元费用、开发流程、程序管理架构、硬件部件的安全性等信息，合理编制系统的安全方案，对其进行定期检验和修改。②识别阶段，负责人员的选择，负责对工作进行管理，其中包括识别和评估可能存在的重要安保区域，确定安保需求，控制、消除有关危险及危险评估的决定，进行有关危险与风险的沟通与记录，保安流程的审查及评审等。③指导阶段，在进行权利的划分时，主要是要顾及各个部门的职责，其中大部分是由下级主管来承担和按时执行，系统的安全管理部承担着整个体系的安保工作，以及向上级主管通报其余危险的工作。正确的指导决策必须基于对危险的全面了解，所以，在关键环节进行风险评估是非常必要的。④控制阶段，将测量系统的输出与期望的输出进行对比，如果有明显的偏差，则进行纠正，满足需求后，可以继续工作。当系统的输出与真实的结果有很大出入时，需要决定采取何种技术措施来纠正和执行。

系统安全管理把安全管理视为对由“员工”“设备”“环境”“制度”构成的安全系统的管理，以协调的观点来看待安全管理过程。由此，安全系统性能的逐渐改善得到重视，通过组织学习来实现这一目的成为安全管理研究的重点。

2.2 平安机场建设目标

2.2.1 安全生产基础牢固

党的十八大以来，以习近平总书记为核心的党中央高度重视民航安全工作。习近平总书记对民航安全工作作出重要批示，要求民航“首先要坚持民航安全底线，对安全隐患零容忍”。党的十九大报告进一步强调：“要树立安全发展理念，弘扬生命至上、安全第一的思想，健全公共安全体系，完善安全生产责任制，坚决遏制重特大安全事故，提升防灾减灾救灾能力。”

安全是中国民航的生命线。现有机场的四型建设必须从实际出发，坚持安全第一和底线思维，在建设与发展中逐步优化升级、更新迭代，在建设发展过程中确保发展的稳定性和可持续性。不同规模以及处于不同发展阶段的机场，功能定位、阶段特征、规模结构、服务需求各不相同，要从客观角度理性分析、认识不同机场的情况，坚持系统思维、因地制宜、因场施策、因时而异、动态调整。例如，对于大型枢纽机场，四型建设的重点是要放在缓解资源约束、提高运行效率上；对于小型机场，四型机场的建设重点关注的则是如何通过完善体制机制，提升机场管理能力，通过采用新技术、新设备、新方法等手段弥补在安全管理、制度和服务等方面的短板，实现低投入、高产出。

机场安全是民航安全的重要组成部分，推进平安机场建设要重点突出三个方面：四个底线、“三基”建设、安全“三抓”[5]。

在四个底线方面：机场安全的四个底线是指空防安全、运行安全、消防安全和群体事件，坚守这四个底线是平安机场建设的根本目标。突出强调四个底线的重要性是落实民航安全关口前移、安全工作理念的具体体现。中国民用航空局突出抓事故征候的管理，把安全关口从事故前移到事故征候，是取得较长周期安全成绩的重要原因。依据“冰山理论”，要保持“水上面”的事故不出现、少出现，必须要尽可能把握、控制好潜伏在“水下面”

的事故征候，甚至是不安全事件。关口前移就是要做到安全隐患零容忍。

在“三基”建设方面：“三基”的内涵就是抓基层、打基础、苦练基本功。随着机场运营建设发展的日渐成熟，“三基”建设已经渐渐成为民航行业安全管理的基本工作方法。随着浦东机场规模的快速增长，客流运量也随之不断提升，对管理标准的具体要求也随之快速提高，安全管理正在面临前所未有的复杂局面。想要较为从容地驾驭这种复杂局面，确保整体平稳发展、有序扩增，作为各级管理者必须要更加重视基础工作。“基础不牢、地动山摇”，只有基础扎实牢固，才能谈管理上的体系建设、标准建设、文化建设。因此，抓好“三基”建设是机场安全工作的当务之急。

在安全“三抓”方面：从“三抓”的内容来看，首先要抓基层，要以基层科长、分队长、班组长的安全责任落实为重点，树立“严”的导向，狠抓基层一线班组建设。关注遵章守纪、行为规范、思想教育等“平时养成”，深化作风建设，强化执行和问责，确保制度、标准、流程、规范得到切实落实。其次是打基础，要以人防、物防、技防三道防线为关键，坚持“严”的标准，全面评估三道防线风险，采取切实有效的防范措施，构建三者相辅相成、互为补充、无缝衔接的安全管控机制。最后是苦练基本功，要以开展人员资质排摸和员工岗位技能水平综合评估为抓手，培养“严”的作风，加大考核培训力度，提升员工岗位操作、风险识别、隐患排查、应急处置等能力。通过抓好“三项基础”工作，不断完善自我管理、自我监督、持续改进的安全质量管控体系，做到“基层要强、基础要牢、基本功要扎实”。

以浦东机场为例，面对严峻的反恐形势，在大面积不间断的施工以及卫星厅投运等多重压力并存的情况下，浦东机场认真贯彻习近平总书记关于民航安全生产工作重要指示批示精神，坚持集团“5 + X”全覆盖安全理念，紧紧围绕“1 + 3 + X”的思路开展安全工作。浦东机场一方面采用扎实有效的风险评估手段确保卫星厅安全投运持续深化“三基”建设，以“三基”建设为抓手，夯实安全管理基础。另一方面，严格落实主体责任，牢固树立底线思维，管控措施务实有效，持续加大安全投入，确保了卫星厅安全投运，成功保障了中华人民共和国成立 70 周年运输任务，并完成第二届进博会保障任务。

2.2.2　安全保障体系完备

民航安全工作强调要“抓基层、打基础、苦练基本功”，突出“三基”建设，对基层、基础、基本功要抓早、抓细。

“抓基层”要重点突出班组建设。落实“安全教育到班组、手册执行到班组、风险防控到班组、技能培训到班组”，以及“工作重心向基层倾斜、保障资源向基层倾斜、人员配置向基层倾斜”的要求。

“打基础”要突出强化基本安全保障，积极部署全民航安全从业人员工作作风建议，同时做好安全的软件和硬件保障，抓好制度建设，完善一线操作手册；加强设备设施建设，利用好新技术，掌握安全工作的主动权。

“苦练基本功”要突出关键岗位员工素质。通过开展岗位练兵、技术比武等活动，使员工比知识、比技能、比作风成为常态，突出抓住机场安检、空管、消防、机务等关键岗位的资质能力建设。

强化安全文化建设，并加强宣传，推进安全管理由“自律”向“自觉”转变，通过教育培训进一步增强全员的安全意识、责任意识。

坚持“党政同责、一岗双责、齐抓共管”的工作要求，强化责任担当，落实主体责任，坚守安全底线。明确权责，与各单位签订《安全责任书》，定期开展公司安全考核评分工作。通过制定《细则》、每月自评和公司复评等方式，促进各单位安全生产责任制的落实，完善安全生产责任体系。

准确把握安全生产的特点和规律，全面推行安全风险分级管控，开展安全风险分级管控和隐患排查治理双重预防机制建设，将“超前预判、精准管控、常态推进”的工作理念落到实处，进一步强化隐患排查治理，实现把风险控制在隐患形成之前、把隐患消灭在事故之前的目标。同时，定期组织开展一次危险源辨识及专项安全风险评估工作。注重实效，持续开展安全隐患治理，坚持“安全隐患零容忍”，持续开展隐患排查。推行隐患“首接责任制”，通过跨前一步，主动作为的工作态度，扭转以往跨部门间隐患整治难落实的现象；建立隐患分级督办制度，实行隐患分类管理，A 类隐患由上级政府督办，B 类隐患由公司主管部门排查，C 类隐患由所在各级部门负责；关注重点高危作业。航油公司严格执行领导带班制，安全运营总监对带油作业现场进行全程监控，并严格对动火作业评审及危害隐患识别，有效降低带油作业的安全风险；建立隐患问题约束机制。商业经营分公司需对楼内消防不达标的商户进行限制，可采取停业整顿、限期整改等一系列强制措施。

浦东机场积极推进企业法定自查工作，形成安全管理从“他律”到“自律”的转变，进一步提升安全管理水平的规范化、专业化、法制化。

2.2.3 安全运行平稳可控

为保障机场运行平稳可控，需重视常态隐患及风险的管控，强化安全系统建设。①员工是常态抓安全隐患的责任主体，对隐患进行年年查、月月查、日日查，管理层需建立激励、约束机制推动员工积极开展隐患排查。②各级管理人员是重点抓风险管控的责任主体，要依据排查出的安全隐患，进行分级管理，落实风险管控责任，彻底整改隐患，整改期间需实施风险管控措施。③各单位一把手是长远抓系统建设的责任主体。因为一把手能调动资源，把细节抓得更好，从“人、机、环、管理、文化”等维度，以中国民用航空局和国际民用航空组织（International Civil Aviation Organization，ICAO）强烈推荐的 SMS 为主要抓手，全面加强系统安全建设，使系统运行始终处于良好的安全状态。

加强 SMS 效能建设，以抓队伍建设、抓规章体系建设为重点，突出安全发展的前瞻性、系统性、协同性，明确目标和任务，可推动浦东机场安全工作再上新台阶，特别要在职责落实等方面加强研究，精耕细作，层层建立责任清单，确保安全生产责任落实到每一级领导、每一层岗位、每一个员工；完善安全绩效考核相关制度和程序，清单化管理年度发生的不安全事件，跟踪落实整改和处理情况；进一步细化公司安全工作考核评分细则，将上海市、民航行业以及机场集团的安全工作目标和责任进行分解落实，从“日常管理、目标考核、安全激励”三个方面，有序推进重点工作，发挥管理效能最大作用。坚决做精“三个核心”，推进安全管理精益求精。

1. 风险管理精准化

机场以完善安全风险分级管控和隐患排查治理双重预防机制作为主要抓手，坚持风险预控、关口前移，立足实际，转变观念，准确把握双重预防工作要点，强化风险意识，狠抓隐患治理。

一是稳步提高风险识别和管控能力。对标民航业内与上海市风险分级管控标准，细化各级风险源评判指标，确定检查频次、方式和内容，实行差异化、动态化监管。二是消除重大风险隐患。各级领导干部要深入基层，突出重点领域，认真排查，对重大隐患实施挂牌督办，实行闭环管理，坚决守住安全。

2. 应急管理精细化

应急工作是守护机场安全的最后一道防线，要居安思危、未雨绸缪，做到有备无患，强化风险管控，提升应急响应能力。

一是持续完善机场应急预案体系。针对机场新业务、新区域、新设备、新系统、新功能的实际，补充完善应急处置预案，并对预案进行分级管控。二是提升机场应急管理专业水平。整合专业力量，逐步建立应急专家库、应急物资库、应急事件案例库，为突发应急事件处置提供专业支撑。三是不断提升应急救援能力。加强应急救援能力建设，围绕“专业化、职业化、社会化”目标，整合各类资源，开展专业训练，提高应急能力。

3. 协作联动精密化

加强同各驻场单位、航司等沟通协调，建立协作联动机制，打通安全管理的堵点、断点，形成合力。

一是继续强化同机场公安联勤联动，加强预案对接、合成演练，航站区、场区、交保的三支安保队伍要发挥在反恐、群体性事件应对方面的积极作用，净化航站楼内外治安秩序。二是继续强化同航司协作联动，明确各自职责，形成相关协议，共同应对大面积航班延误、航空器应急救援处置等。三是健全应急管理工作机制，尽快健全突发事件快速处置机制，特别是现场应急指挥机制，全方位提高现场指挥官应急指挥能力。

4. 加强应急救援能力建设

一是建立全覆盖的应急管理组织体系，通过建立完善统一高效的应急救援指挥体系、“纵向到底”和“横向到边”的应急管理工作机构、“全覆盖”的机场应急管理组织体系，着力解决“是什么”“谁来干”的问题。二是聚焦应急管理资源统筹，突出关键要素支撑，进一步完善应急组织、法规预案、救援力量、物资保障、航空救援、智慧应急、区域防控、安全监管、灾害防治、安全文化“十大体系”，推动应急管理工作优化协同高效。

2.3 平安机场建设主要任务

2.3.1 运行安全保障

浦东机场紧紧抓住发展的机遇，大力提倡“平安”，推进“三个转变”，从“常规管理”到“危机管理”，从“关注客体”到“关注主体”，从“关注结果”到“关注过程”。根据浦东机场的具体情况，按照国际民航法规的要求，积极推进安全系统和 SMS 的构建，并对其进行整合、优化，编制适合浦东机场的《安全管理规范》。浦东机场本着建设安全、严格保障安全的原则，把平安机场建设概括为运行安全、空防安全、机场建设安全管控、薄弱环节风险控制和应急处理等多项工作。

浦东机场积极推行规范化管理，通过搭建跑道反入侵协同机制，对公路入侵事故的分析，构建健全安检稽核辅助体系，提升安检工作的质量。同时，积极推进新的安保技术的运用，促进 FOD 检测系统试点项目、无人机反制试点项目、围界防侵入系统升级项目、旅客流程人脸辨识试点项目等项目的实施。同时，要强化安全知识的宣传和训练，让广大职工养成良好的安全观念和良好的行为习惯；浦东机场全面落实机场的各项工作，强化机场的作风和能力，坚持抓基层，夯实基础，夯实机场的安全底线；开展航空专门性专业技术培训，强化航空公司员工的安全工作，提高航空公司员工的专业技术水平。

浦东机场运用新技术，因地制宜，运用各种技术和手段，有效地解决了传统人防、物防手段的不足，从整体上提升了跑道侵入、鸟击和外来侵入物类事故的预防能力。浦东机场的保安部门根据以往的资料会作出相应警告。比如，针对飞机的爆胎监测，依据飞机的运行情况、FOD 数据、过往爆胎数据等数据，分别设定目标和三级预警值，并对数据进行实时监测。对于鸟类灾害的处理，浦东航空目前已建立了鸟类气象资料，资料来源以鸟类观测资料、历史资料及其他资料来源资料为主。利用数据库输入的空间数据，如数字和文本等，通过扫描器进行图像的扫描，并通过地理信息系统（Geographic Information System，GIS）系统对屏幕进行数字化，实现各种元素的层次化存储。属性资料和空间资料由同一

ID 数值相连。该体系的非空间数据包括鸟类学信息、鸟类时空分布数据、观测资料数据等。

依托信息化手段，构建立体化运行安全防控体系，使感知更透彻、预警更精准、指挥更高效、防范更有力，全面提升辅助决策、预警联动和应急处置能力。持续推进机场运行保障能力评估，完善评估指标体系和奖惩机制。

2.3.2　空防安全保障

浦东机场贯彻新发展思想和全面的国家安全观，建立健全了空防法规标准体系，适应行业发展的安全管理体系，严密可靠的安保风险防控体系，有效防范化解空防重大风险。以党的十九大精神为指导，以“安全”为承载，以“六严”为抓手，筑牢“陆上、空中、内部”三道安全保障体系。首先，浦东机场在航空安全治理方面进行了深入的变革和创新，实行国际先进的经营思想和经营方式。其次，加强技术和智能化防范措施的应用，推动浦东航空公司的生产运营和安全数据的深度整合，推动航空公司的经营规模和航空公司的安全保障能力的提高。此外，浦东机场还推出一种新型的安全检查方式，以提高安全质量和效率。浦东机场严格执行有关法规和规范，保证安全需求在整个机场的施工中得到贯彻。

在目睹了领先的安全性成果的前提下，必须认识到安全问题日益显现出系统性、隐性，牢固树立系统的思想和工作方式，加强前瞻性思考、全局性谋划、战略性布局、整体性推进，才能逐步加以破解。航空运输的运行链条长、环节多、专业性强、人员多，设施设备不同、管辖单位不同、工作范围不同。任何一个部门，都有自己的职责，如果一个人没有尽到自己的职责，很有可能会造成更大的危险，严重的可能会导致整个行业的安全链的断裂。浦东机场始终保持着自己的“铁链”，与中国民用航空局合作，提高自身的警觉度，为建设一条有条不紊的航线竭尽全力。

2.3.3　机场建设安全管控

浦东机场深入推进民航专业工程质量和安全监督管理体制改革，构建现代化工程建设质量管理体系。推动建设精益管理，强化工程管理，使项目管理专业化、工程施工标准化、管理手段信息化、日常管理精细化。强化设备的运营监控和测试，改善设备的维修和管理，提高设备的耐用性和可靠性，从而提高设备的生命周期利用效率。在保证工期的前提下，加强对非停运的施工组织和管理，充分运用新材料和新工艺，保证在短的工期里实现高质量和高效率的运行。

上海机场集团实行投资、建设和运营一体化的建设与经营。在大型枢纽机场的施工管理中，按照施工管理和监理的需要，结合以往的施工组织结构，确定了施工管理方式。由质检部门负责项目的质量和安全监管，财务部门负责招投标和计算等业务，方案设计部门负责项目的初步设计，工程部负责项目的现场管理，信息装备部负责项目甲供设备的采购及现场安装。

以浦东机场三期扩建工程为例，主要枢纽机场改扩建项目的管理机构结构见图 2-1。承继虹桥和浦东“一市两场”的成功，上海机场运行指挥中心在管理上进行了科学性的改革，建立了一个结构扁平的管理机构，以一支高素质的队伍来管理浦东机场三期的扩建和综合运输中心的施工管理，同时坚持管理靠合同、队伍靠招标、现场靠总包、质量靠监理的工作方针，从而确保工程项目的质量安全。在建设安全性上，浦东机场推进自动化操作，加强监督检查，消除突发事件。

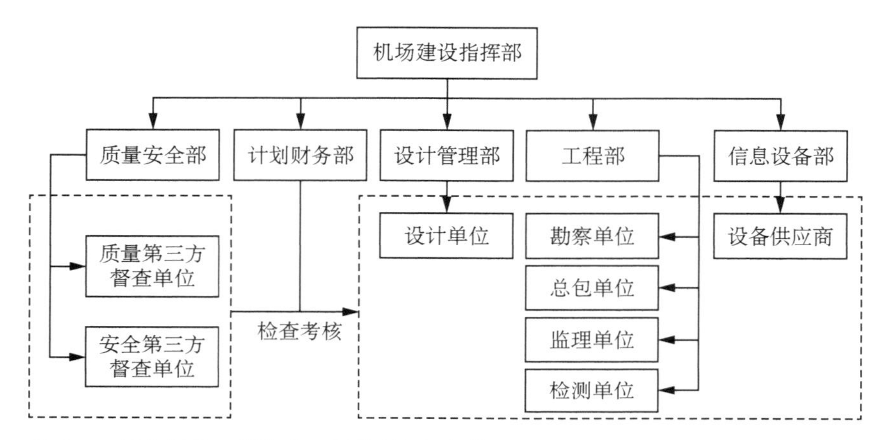

图 2-1 浦东机场三期扩建工程管理组织架构

2.3.4 薄弱环节风险防范

浦东机场实施全面风险管理机制，建立了风险管理制度和程序，完善风险识别、风险评估和跟踪体系，提升安全管控水平。浦东机场一方面加强运行管理等专业人才培养力度；另一方面严防超能力运行风险，利用新技术提高气象观测和预报准确性，加大除冰雪设施设备等保障资源投入，提高不良天气条件下的运行管控和保障能力。

浦东机场的风险管理和隐患排查分为日常和专项两部分，上半年、下半年各启动一次，要求各单位根据运行环境变化随时启动风险管理。隐患排查治理，除员工自然上报系统，每年另外组织专项隐患排查工作、安全生产月、安全大检查等专项排查，消防的隐患排查治理则贯穿全年。随后，浦东机场可以从中提取薄弱环节，紧抓风险源，重点防控改进。

同时，浦东机场安全管理部开展了有关风险管理的对标。关于风险管理，以前是自下而上，现在希望自上而下，实现整体提升。浦东机场聚焦机制、政策、规章进行重大突发公共卫生事件应急管理。由安全部牵头，与运行指挥中心作深入沟通，拟定“风险隐患管理提升”课题，由安全部负责和落地，建立信息系统、风险地图，作风险和隐患的趋势判断。

在疫情常态化时期，浦东机场作为大型枢纽机场，落实主体责任，所有驻场单位都要严格落实防疫要求，切实消除防疫漏洞。要实行严格的管理标准，对照严丝合缝的“闭环”管理要求，抓好每个环节的日常管理和从严规范。货运和客运、国内和国际航班的“两分离”，人员作业和居住的“两集中”要更彻底、更严格。实行严格的督查，紧盯设施配置、操作规范、操作标准等要求的落实，及时发现问题，及时督促整改。实行有效的统筹，坚持和完善机场联防联控机制，强化现场办公、现场协调、现场解决。平时，浦东机场实行“客货分离、人物同防”的疫情防控要求，并要求所有入境货物至少进行 2 轮全面消毒。

2.3.5　应急处置能力提升

加强应急工作机构建设，完善应急预案，弥补缺陷，建立与行业特点相适应的机场应急管理体系，提高在事故灾难、自然灾害及公共卫生、社会安全等不安全事件发生时的应急处置能力。加强急救训练，提高急救训练的实战性和适用性。构建应急物资支援保障系统，构建区域性应急物资支援保障中心，健全资源使用与征收补偿制度。加强机场的综合管理，加强机场的资源和信息交流，增强机场的备降保障。

浦东机场组织各类紧急情况的综合实训演习，特别是针对浦东机场在疫情控制下，开展的各种紧急情况的应变。演习内容包括飞机灭火、人员救治和转运、搜排爆、危险品处置、搬运等。

2.4　平安机场安全管理要求

2.4.1　安全管理体系

1. 建设安全管理体系的必要性与意义

安全管理体系是一种管理安全的系统方法，包括所需的组织结构、职责、政策和程序。《民用机场运行安全管理规定》[6]第九条规定：“机场管理机构应当建立机场安全管理体系。机场安全管理体系主要包括机场安全管理的政策、目标、组织机构及职责、安全教育与培训、文件管理、安全信息管理、风险管理、不安全事件调查、应急响应、机场安全监督与审核等。”《民用航空安全管理规定》[7]第五条规定：“民航生产经营单位应当依法建立并运行有效的安全管理体系。相关规定中未明确要求建立安全管理体系的，应当建立等效的安全管理机制。”

安全管理体系的实施可以实现从事件发生前到事件结束后、从开环到闭环、从个人到组织、从部门到系统的安全管理。安全管理体系的建立和实施具有重要意义：一是安全管理体系建立和实施将在完善基于合规的安全管理模式的基础上，形成基于安全绩效的安全管理方式。二是安全管理体系的建立和实施，将形成一系列高效、易于操作的风险管理程序，实现积极的安全管理，提高控制安全风险的能力和效率。三是建立和实施安全管理体系，倡导和建设积极的安全文化，有利于将安全管理方针、政策、程序和标准转变为全体员工的价值观和行为，落实"预防为主，关口前移"的原则。四是建立并实施安全管理体系，制定体系内部的定期监测、评估和审计制度，促进安全管理的闭环运行和持续性长久性的改进，有利于更好地履行机场主体的安全职责，完善自我监督、自我审计和自我完善的长效机制。

2. 安全管理体系相关要求

《民用航空安全管理规定》中指出，"安全管理体系应当至少包括以下四个组成部分共计十二项要素"，主要包括以下内容。

（1）安全政策和目标，包括安全管理承诺和责任、安全问责制、任命关键安全人员、应急预案的协调、安全管理体系文件。

（2）安全风险管理，包括危害源头识别、安全风险评估和缓解措施。

（3）安全保证，包括安全性能的监测和评估、变更管理、持续改进。

（4）安全促进，包括对相关人员的培训与教育、安全知识交流。

此外，安全管理体系、等效的安全管理机制至少应当具备以下功能。

（1）查明危害源头及评估相关风险。

（2）确定并实施必要的预防和纠正措施，进而保持可接受的安全绩效水平。

（3）持续监控并定期评估安全管理活动的适宜性和有效性。

同时，根据《民用航空安全管理规定》，民用航空生产经营单位的安全管理制度应当依法经民用航空行政主管部门审批，相应的安全管理机制应当报备至当地民用航空主管部门或者其授权机构备案。民航生产经营单位应当建立持续改进的安全管理体系和等效的安全管理机制，确保其工作业绩符合安全管理的相关要求。民用航空生产经营单位的安全管理体系或者同等安全管理机制的运行，应当接受民用航空行政主管部门的持续监督，确保其有效性。

2.4.2 安全绩效管理

1. 安全绩效管理的意义和总体目标

安全绩效管理是安全管理体系的重要组成部分。它使安全管理人员能够更全面、准确、动态地掌握安全状况，并在合规管理的基础上实施有针对性的安全管理措施，从而达到将安全风险控制或降低到可接受的安全水平的目的，实现安全关口的向前移动。

安全绩效管理应坚持以航空安全为底线的首要原则，以落实机场主体安全责任为主要路线，以风险管控为主要出发点和着力点，继续推进落实《中国民航航空安全方案》，不断提高 SMS 的实施效率，健全完善安全绩效管理的科学机制，建立以数据为驱动要素、以风险管理为中心支撑的安全隐患排查治理长期有效机制，提高安全管理和安全监管效率与能力，实现基于合规的安全绩效管理和基于安全绩效的安全监管。

2. 实施安全绩效管理的相关规定

根据《民用航空安全管理规定》，民用航空生产经营单位应当实施安全绩效管理，接受民用航空行政主管部门的监督；应建立安全绩效指标，以适应本单位的经营类型、经营规模和复杂性，监控生产经营风险；本单位的安全绩效目标应根据民航局制定下达的年度行业安全目标确定，安全绩效目标应等于或优于行业安全目标。在对安全绩效目标制定完成之后，需要根据安全绩效目标确定行动计划，并上报给当地民航主管部门备案；应持续监控实际安全绩效，并根据需要调整行动计划，以确保实现安全绩效目标；半年度和全年度的安全绩效统计分析报告，应在每年 7 月 15 日和次年 1 月 15 日前上报至当地民航局备案。

3. 安全绩效管理的具体内容

安全性能通常通过安全性能指标来衡量。在确定安全绩效指标时，除了需要选择基于结果的安全绩效指标，如事故、事故征候、不安全事件的数量之外，还应充分考虑基于过程运行质量和历史比较的安全绩效指数。

安全绩效管理的基本程序是由机场管理机构结合安全监督和内部审计的结果，分阶段对安全绩效进行综合分析和评价，并实施奖惩。

1）机场管理机构在安全绩效管理中的工作内容

（1）机场管理机构应明确安全监督检查职责分工，落实责任制。

（2）明确相关程序，确保安全监督和审计制度的实施。

（3）应为安全监督和审计配备足够的资源。

（4）监督审核中发现的隐患应及时整改，必要时启动风险管理程序。

（5）确定合理的安全绩效指标，作为安全监督审核的依据和评价标准。

（6）安全监督审核结果应记录存档，并建立相关信息反馈制度，实行闭环管理。

（7）监督和审计结果应在机场的适当范围内公布。

（8）定期监督检查合同双方执行有关安全规定的情况，发现安全隐患及时进行协调，并且督促整改。

（9）接受局方组织的监督、检查和审计，并做好配合工作。机场管理机构也可以邀请具有相关资质的外部单位或专家对机场进行审计工作。

2）安全监督的主要内容

安全监督的主要内容包括但不限于以下内容：日常安全运行，遵守和执行安全法规、标准和程序，重点监督检查与飞行安全、防空安全和飞机地面安全直接相关的岗位、流程和常见问题的薄弱环节；安全管理体系缺陷整改情况；安全目标的实现；风险管理相关措施的实施和控制效果；为满足机场安全运营而分配的资源；检查合同双方执行相关安全规定的情况。

安全监督的形式主要有日常监督、定期检查、专项检查和综合检查，可由各级部门以自查和职能部门逐级检查的形式组织实施。

安全监督的基本方法包括现场检查、资料审查、员工访谈、问卷调查、检查表检查、书面检查（考试）等。每次监督检查都应事先计划，并编制计划和检查表。应注意发现安全隐患、制度和组织缺陷以及员工的非法操作。还应注意机场相关部门职责交叉与接口部分的运行安全，一旦在安全监督的过程中发现薄弱环节，需要认真对待、认真解决。

3）内部审核的主要内容

机场管理机构应编制机场安全管理体系内部审核计划，明确职责分工、内容指标、方法等，并每年定期实施，开展内部审核工作。内部审核的内容包括：内部文件体系是否符合国家法律、法规、规章和规范性文件的要求；内部文件体系是否得到了有效实施；机场安全管理体系是否具有合规性和有效性。

2.4.3 安全管理制度

《民用航空安全管理规定》对民用航空生产经营单位的安全管理体系提出了以下要求。

（1）民用航空生产经营单位应当依法设立安全生产管理机构或者配备安全生产管理人员，满足安全管理的各项岗位要求。

（2）民用航空生产经营单位应当确保有效实施本单位的安全生产投入，确保具备符合国家有关法律、行政法规和规章规定的安全生产条件。安全生产投入至少应包括以下方面：制定完整的安全生产规章制度和操作规程；员工安全教育培训；安全设施、设备和工艺符合有关安全生产法律、行政法规、标准和规章的要求；针对安全生产方面具有相应的检查与评价标准；重大危险源和安全隐患的评价、整改和监测；生产安全突发事件应急预案、应急组织和应急演练，以及必要的应急设备和器材；法律、行政法规和规章规定的其他与安全生产直接相关的要求。

（3）民用航空生产经营单位应当建立安全检查制度和程序，定期进行安全检查。

（4）民用航空生产经营单位应当建立安全隐患排查治理制度和程序，及时发现和消除安全隐患。

(5) 民用航空生产经营单位应当建立完善的内部审计和内部评价制度和程序，定期审查安全管理体系或同等安全管理机制的实施情况。

(6) 民用航空生产经营单位应当建立安全培训考核制度，培训考核内容应当与本岗位安全职责相适应。

(7) 民用航空生产经营单位应当建立应急机制，编制统一管理、综合协调的生产安全突发事件应急预案。

2.4.4 人员培训

1. 人员培训的目的与相关规定

对民航生产经营单位相关人员进行人员培训，可以提高员工胜任工作的综合素质，增强员工的安全合规意识，促进机场整体的安全文化建设，提高各级人员的业务水平，促进安全管理体系的实施。人员培训应遵守以下规定。

(1) 民航生产经营单位主要负责人、安全生产负责人和安全管理人员应当按照规定完成必要的安全管理培训，并定期参加复训。

(2) 民航生产经营单位应编制与生产经营相关岗位人员的安全培训大纲和年度安全培训计划，大纲和计划的内容和质量应符合相应要求。

(3) 民航生产经营单位应当积极组织安全培训，建立培训档案，定期组织再培训和考核工作。未经安全教育培训或在安全教育培训后考试不合格的人员不得上岗参与实际工作。

(4) 民航生产经营单位应当监督安全培训质量，确保培训目的、内容和质量符合有关要求。

2. 人员培训的具体内容

民航生产经营单位在进行人员培训工作时，应包含以下内容。

(1) 面向新员工，在其上岗前的安全教育主要分为三级，应包括机场级安全教育、部门级安全教育和岗位级安全教育。

(2) 面向管理人员安全教育培训，主要包括机场运营安全知识、安全生产法律知识、安全规章制度、安全管理理论知识等。

(3) 面向机场全体员工的日常安全教育，主要包括机场运行安全知识、涉及安全管理体系所有要素的信息(如风险管理、不安全事件调查、机场突发事件案例等)。

(4) 面向专业技术人员的岗位技能培训，主要包括特种作业人员上岗资格培训、特殊工种从业资格培训、专业水平等级提升培训等。

（5）安全管理体系初步培训，主要包括安全管理体系的基本概念、安全管理体系的相关要求等。

（6）安全管理人员的专项培训，主要包括不安全事件调查处理方式方法、安全绩效考核、安全检查表编制、安全信息管理等。

（7）安全管理人员的管理培训，主要包括岗前培训、定期再培训、转岗培训、在职培训、岗位技能再培训等。

（8）机场突发事件响应培训和演练，主要包括机场突发事件预案的宣教培训和实际演练等。

3. 人员培训的具体要求

民航生产经营单位在进行人员培训工作时，应注意以下要求。

（1）机场管理机构应保证为机场运营保障的所有岗位配备有足够数量的合格人员。

（2）机场管理部门应根据《中华人民共和国安全生产法》的相关规定以及相关法律、行政法规，建立健全安全教育、培训和考核制度。

（3）机场所有从事与运营安全相关岗位的员工均应具有相关资质、持有相对应的证书。国家、当地政府和民航局要求具备专业资格的岗位，任职人员应当持有相应的资格证书。

（4）机场管理机构应对员工进行安全教育和培训，并且确保完成安全教育和训练所需的所有资源到位。所有在机场从事长期或临时工作的人员应接受机场运营安全知识、现场道路交通管理、岗位操作程序等方面的培训和评估。

（5）机场法定代表人、各级各部门主要负责人、安全生产管理人员及全体员工应当主动积极地接受安全教育培训，相应的安全教育培训内容和学习时长应满足《中华人民共和国安全生产法》《生产经营单位安全培训规定》和《民用航空安全培训与考核规定》等有关法律法规要求，以及所制定的安全管理体系的要求。

（6）机场管理机构应指定一个专门部门或专门人员负责组织和实施安全教育和培训，并且请专人评估机场安全教育培训的培训效果。

（7）机场管理机构应每年定期对员工进行相应的岗位技能培训；机场管理机构应定期对所有员工进行安全教育。

（8）机场管理机构应根据教育和培训的需要确定好培训计划和方案，并根据实际情况进行动态调整（如安保政策、安全目标以及安全管理体系组织结构等的变化）。

（9）机场管理机构应建立健全员工安全培训、考核、奖惩档案，妥善保存并长期保留，以备后续复核查验。

（10）机场管理机构应给予安全培训足够的重视，将面向全体员工的安全培训纳入年度工作计划，并将安全教育培训完成情况纳入绩效考核。

2.5　平安机场建设案例

2.5.1　北京大兴国际机场的安全建设实践

北京大兴国际机场(Beijing Daxing International Airport,以下简称“大兴机场”),位于中国北京市大兴区榆垡镇、礼贤镇和河北省廊坊市广阳区之间,为 4F 级国际机场、世界级航空枢纽、国家发展新动力源,是我国第一批“四型机场”示范项目之一。

大兴机场按照“党政同责、一岗双责、齐抓共管、失职追责”和“管行业必须管安全,管业务必须管安全,管生产经营必须管安全”的总体要求,完善工作责任制度,积极落实安全责任。通过建立安全部门对全机场的工作进行监督。飞行区管理部、航站楼管理部和公共区管理部门包揽主要的安全管理业务,对机场的安全管理承担主要责任。其余部门承担辅助作用,保证机场的安全运行。

大兴机场内部的隐患可能存在于安全生产岗位、相关责任人以及业务中。对于可能存在的隐患,不应只考虑表面业务,需深入细节之处,直击本质。大兴机场各部门提前建立责任安全隐患库,对过往所发现的各类隐患进行记录,分析,并将结果上报给相关部门和安全机构。在进行隐患排查时,提前查询已建立的安全风险库,对于相关问题做到心里有数,避免管控措施失效。另外,人员的行为也是难以控制的隐患,在监督检查过程中,大兴机场严格要求工作人员的一言一行,重视对工作人员的管控力度。对于非工作人员,将其行为视作隐患排查的重点,避免发生违法、暴力恐怖事件。严格落实责任实名制,对于业务的负责人做到有据可依,有据可查。

大兴机场对隐患实行分级制度:普通安全隐患、一般安全隐患、较大安全隐患和严重安全隐患。对于出现的安全隐患,责任部门考虑其可能发生的最坏结果,依据该结果对整体问题进行评级,避免对问题出现不重视的现象。对于多次出现的安全隐患,如一年内出现 3 次及 3 次以上的隐患问题,将其评级升高一级。对于国家部门和上级单位为同一安全隐患制定了不同隐患等级的,按照服从高层的原则,以国家部门的评级标准进行评判。对于不同部门或其他国家检查机构为同一安全隐患制定不同隐患等级的,在服从“就高不就低”原则的基础上,对于安全隐患进行定级跟踪,经商讨后确定隐患等级。

对于安全隐患的整改方案应该经过多次探讨、修改,达到科学、系统的要求。大兴机场深入挖掘安全隐患产生的根本原因,分析其产生要素,包括但不限于:设备安全管理、作业环境管理、员工管理、资源管理、运行机制、工作安排、规章制度、日常安全管理、突发事故管理、不可控因素等。在隐患管理的全过程坚决落实“三不”原则,即对于能够立刻完成整改任务的隐患“不拖延”,需要经过讨论再整改的隐患应先采取临时控制方案;一般安全隐患整改“不跨月”;严重安全隐患整改“不跨年”。

大兴机场构建安全隐患总库，对过往安全隐患进行记录、分析，对总体工作档案进行统一管理。各分部门对各自部门内部的隐患进行登记、上报，建立安全隐患分库。管理人员定期整理数据库，对各分库统一管理，构成安全隐患总库。为促进各部门责任人对于机场内隐患的了解程度，大兴机场构建评比机制，每周组织相关部门对隐患工作进行汇报，各部门人员对该工作进行讨论。

2.5.2 伦敦希思罗国际机场的安全建设实践

伦敦希思罗国际机场(London Heathrow Airport，以下简称“希思罗机场”)，位于英国英格兰大伦敦希灵登区南部，由英国机场管理公司负责营运，是英国航空和维珍航空的枢纽机场、英伦航空的主要机场、伦敦最主要的联外机场，也是全英国乃至全欧洲最繁忙的机场之一。该机场跨境航班的数量较大，是世界上最繁忙的国际枢纽。

1930 年，大西部机场建成通航，时为简易私人机场；第二次世界大战期间，大西部机场被征用建设军用赫希顿机场；1946 年 1 月 1 日，赫希顿机场更名为伦敦机场，性质转为民航机场；1966 年，伦敦机场更名为希思罗机场；2006 年，希思罗机场升格为 4F 级机场。2019 年，希思罗机场完成旅客吞吐量 8 088.431 0 万人次，同比增长 1.0%，英国排名第 1 位；货邮吞吐量 158.745 1 万吨，同比下降 6.6%，英国排名第 1 位；飞机起降 47.586 1 万架次，同比增长 0.1%，英国排名第 1 位。

希思罗机场共有 4 座航站楼，其中 T2 航站楼面积 4 万平方米，T3 航站楼面积 9.896 2 万平方米，T4 航站楼面积 10.548 1 万平方米，T5 航站楼面积 35.302 0 万平方米；民航站坪设 212 个机位，其中廊桥近机位 133 个，远机位 64 个，货机机位 15 个，有 2 条跑道，均为 50 米宽，长分别为 3 902 米和 3 658 米。

希思罗机场在飞行区内设置了控制与管理中心，其主要业务分为控制与管理两部分。控制部分采取的是运行控制中心(Airplane Operating Control，AOC)的模式，即由各飞行保障部门在此中心集中办公，统一管理飞行区内的秩序和安全，同时也便于进行飞行业务的日常管理以及突发事件的处理。对于飞行区内各车辆的使用、调度、审查和统计都集中在该中心，由工作人员对地勤运作进行统一管理。

希思罗机场将较多业务内容都外包给了专业公司，作为机场的管理方，他们所做的更多是对外包公司制定严格标准，实现具体业务内容的严格把控。在行李运输环节，希思罗机场对每个部分都制定了具体、可量化的标准，使整个运输过程速度快、准确率高，对于风险的发生概率控制在三百万分之一，保证整个运输过程的安全性。同时，对于行李货运的过程进行严格监管，避免暴力运输的情况，旅客行李破损的情况显著减少，安全性大大提高。在行李到达环节中，希思罗机场明确了 12 分钟的时间标准，即机场的每一个到达航班从航班挂轮挡时间到第一件行李出现在到达转盘上的时间必须在 12 分钟以内，大大提高了整体效率。机场安排了专职人员对各类标准进行日常检查，同时要撰写检查报告并进行存档，对于检查过程中发现的各类问题立即讨论、整改，无法解决的上报给上级部门，由专人开设讨论会议进行统一处理。正是这样的严格把关保证了整体服务的品质，也成就了希思罗机场的安全质量。

希思罗机场综合周边安全系统配备具有调频连续波（Frequency Modulated Continuous Wave，FMCW）和多普勒处理功能的 Blighter B400 系列电子扫描雷达，由英国机场行业的专业安全提供商 Touchstone Electronics 开发并提供给机场运营商 BAA。Blighter 雷达由于其远距离探测能力，特别适合机场安检应用，其宽仰角波束功能，在杂乱的环境中也能探测非常小和缓慢的目标。同时，该系统能够节省大量的运营成本，降低安全人员成本，安装成本也很低，因为 Blighter 的远程探测能力和宽仰角波束允许雷达远程安装在现有机场基础设施上，从而避免了挖掘机场表面铺设电缆。

希思罗机场完整的周边监控方案包括远程昼夜摄像机和高清晰度摄像机网络，能够快速识别和跟踪 Blighter 雷达检测到的入侵者。该系统高度可靠且免维护，能够在所有天气和光线条件下对机场关键区域进行 24 小时密集监视。传统的地面安装雷达易受到当地建筑物、基础设施和机场车辆（包括飞机）的严重阻碍，而 Blighter 雷达的鹰眼视图可以看到障碍物顶部和不平的地面，从而可以连续、无障碍地看到关键周边区域，保障机场周边环境的安全。

2.5.3　东京成田国际机场的安全建设实践

成田国际机场（Narita International Airport，以下简称“成田机场”），位于日本国千叶县成田市，为 4F 级国际机场、国际航空枢纽、日本国家中心机场。始建于 1966 年，1978 年投入运营，占地总面积 1.06 亿平方米，拥有 3 座航站楼和 2 条跑道。成田机场主要负责国际航线，近年来国内航线也有所增加。2015 年 4 月，低成本航站楼投入使用。在旅客运输规模方面，2019 年，成田机场共完成旅客吞吐量 4 434.473 9 万人次，同比增长 4.0%，日本排名第 2 位；货邮吞吐量 203.990 5 万吨，同比下降 7.0%，日本排名第 1 位；飞机起降 26.411 5 万架次，同比增长 4.0%，日本排名第 2 位。

2018 年 2 月 22 日，成田机场公司宣布计划实施快速旅行项目，实施智能安全运维技术以提高安全级别和运营效率，通过快速旅行和生物特征认证实现机场程序自动化，加速和增强成田机场的安全检查程序，下设成天国际机场公司安全管理系统（NAA-SMS）、机场运营信息中心（AOIC）、应急运行中心（EOC），共同维护机场安全。该项计划由国际航空运输协会（International Air Transport Association，IATA）为成田机场研究并实施。成田机场也是 IATA 咨询公司快速旅行服务的第一个客户。该项目包括扩大 T1 航站楼和 T2 航站楼的安全检查区域，并在 T1 航站楼安装四个额外的安全检查通道，在 T2 航站楼安装两个额外的安全检查通道；同时为需要进一步检查的物品部署自动行李物品分拣系统，并部署自动转盘检索系统。在完成快速旅行项目后，成田国际机场公司计划在成田机场 T1 航站楼和 T2 航站楼安装乘客调节系统(PRS)设施。该系统有望增强安全性并加快旅客吞吐量过程。

另外，成田机场起草了《应急手册》，开展了业务连续性计划(Business Continuity Planning, BCP)，提出了一套基于机场业务运行规律的管理要求和规章流程，面对机场突发安全事件能够迅速作出反应，以确保机场运作正常，不造成业务中断，为机场提供应对风险、自动调整和快速反应的能力，保证机场的连续运转。此外，成田机场内部设施实施了系统化、预防化的维护管理，基于长期计划进行了设施维护、维修和更换，通过日常检查及早发现和修复缺陷，将对机场日常运营的影响降至最低；编制检查和维护手册，确保员工按时按质依据手册进行内部设施日常维护。

2.5.4 新加坡樟宜机场的安全建设实践

新加坡樟宜机场(Singapore Changi Airport，以下简称“樟宜机场”)，位于新加坡共和国东海岸选区机场大道，西距新加坡市中心 17.2 千米，是 4F 级国际机场、大型国际枢纽机场，曾连续数十年获得“世界最佳机场”称号。

对于任何大型机场项目，主要的挑战是确保对一个全天候开放、每天都有数千名乘客涌入的机场造成最小的干扰。为了减少对机场服务的任何潜在影响，必须尽快、谨慎地完成工作。2017 年，新加坡政府出台了《基础设施保护法》，要求通过保护周边、接入点和技术基础设施等措施，确保关键国家基础设施的安全。甚至在这之前，国家对安全的承诺就很明显，樟宜机场就是一个典型的例子，乘客安全一直是航站楼项目的首要任务。

对所有机场运营商来说，保持机场环境最高卫生和清洁标准是长期且重要的事。樟宜机场是世界上第一个在 Skytrax 机场卫生评级认证计划中获得最高五星级机场卫生安全评级的机场。樟宜机场通过提供符合行业最佳实践的卫生和清洁措施，为客户提供安全的机场体验。Skytrax 是国际航空运输评级机构，其制定机场卫生评分体系来评价机场在新冠肺炎疫情期间的卫生安全情况。在 2022 年 6 月和 7 月，Skytrax 卫生安全团队在新加坡樟宜机场 1 号和 3 号航站楼的陆侧和空侧面向客户的设施中进行了卫生清洁检查、测试和评估，具体包括客户座位、等候区、移民处理区、厕所设施、食品和饮料出口、自动扶梯、电梯、自动人行道、自动取款机、自动售货机、航空公司休息室等区域。同时，樟宜机场将其航站楼划分了不同的区域，以尽量减少乘客和工作人员的混合，从而保证过境和到达区域的卫生安全。根据机场工作人员服务的区域以及他们与乘客的互动程度，不同工作人员穿戴不同级别的个人防护装备。这些安全措施加强了樟宜机场当时的疫情防御系统，确保乘客和游客的安全，同时也能保护机场工作人员。迄今为止，樟宜机场还是亚太地区唯一一个通过国际机场理事会（Airports Council International，ACI）健康措施认证计划（AHMAP）的机场，该计划是由世界领先的测试、检验和认证机构 Bureau Veritas 与国际机场理事会合作开发的。国际机场理事会于 2020 年年中推出了这项机场健康认证计划，以使世界各地的机场能够证明其已在其设施和流程中制定了健康安全措施。

参考文献

[1] TODD A J. Industrial Accident Prevention[J]. American Journal of Sociology, 1917, 23(2): 263-264.

[2] 纪婧.冰山理论对安全管理的启示[J].中国安全生产科学技术,2017,13(1):1.

[3] NACHMAN BY. Deviance in Science: Towards the Criminology of Science[J]. British Journal of Criminology, 1986, 26(1): 1-27.

[4] 王爽英,吴超.系统安全管理的三维模型探讨[J].现代管理科学,2010(8):30-31.

[5] 刘雪松.着力突出三个方面　推进平安机场建设[EB/OL].(2018-08-15).http://www.caacnews.com.cn/1/2/201808/t20180815_1253933_wap.html.

[6] 中国民用航空总局.民用机场运行安全管理规定[EB/OL].(2007-12-17).http://www.caac.gov.cn/XXGK/XXGK/MHGZ/201511/t20151102_8441.html.

[7] 中华人民共和国交通运输部.民用航空安全管理规定[EB/OL].(2018-2-13).http://www.caac.gov.cn/XXGK/XXGK/MHGZ/201803/t20180313_55750.html.

第3章

平安机场安全管理体系

3.1 安全管理体系框架

《民用机场使用许可规定》[1]第八条明确指出:“机场管理机构应该按照本规定的要求,建立民用机场安全管理体系并接受监督检查。”安全管理体系是一种系统的安全管理方法,包括必要的组织结构、各方责任、政策和程序。

安全管理体系的实施能使安全管理从事后到事前、从开环到闭环、从个人到组织、从局部到系统全方位地进行[2]。

(1) 在完善基于法规要求的安全管理模式的基础上建立和实施安全管理体系,可以形成基于安全绩效的安全管理模式。

(2) 安全管理体系的建立和实施是为了创造一套普遍有效、用户友好的风险管理程序,从而实现主动的安全管理,提高安全风险控制的能力和效果。

(3) 安全管理体系的建立和实施,可以促进和创造积极的安全文化,将安全管理的准则、政策、程序和标准转化为所有员工的价值观和行为,落实“预防为主,关口前移”的原则。

(4) 建立和实施安全管理体系,建立定期的内部监测、评估和审计制度,促进安全管理的闭环和持续改进,有助于机场主体更好地履行安全责任,完善自我监督、自我审计和自我改进的长效机制。

浦东机场安全管理体系共有八个要素,代表着安全管理体系实施工作的基本要求。这八个要素分别为:①安全政策;②安全目标;③安全管理组织机构及职责;④安全教育与培训;⑤安全管理信息系统;⑥风险管理;⑦机场安全监督与审核;⑧变更管理[3]。

安全政策和安全目标是浦东机场安全管理体系的基本框架和总体要求;安全管理组织机构通过任命负责人并委以工作职责为安全管理体系的顺利实施提供动力;安全教育与培训通过对组织成员进行技能培训、思想教育进一步促进安全管理体系的实施与运营;安全管理信息系统保存涉及浦东机场安全管理体系的所有文件与信息,既能促进内部交流与索引,又能为后续运营与改进提供信息支持;风险管理通过识别危险、评估相关风险和制定适当的补救措施,确保安全管理系统的持续运行;机场安全监督与审核通过持续监测浦东机场安全管理体系遵守国际标准和国家规章的情况实现预期安全绩效;变更管理通过主动风险管理将变更带来的危险控制在可接受范围内,确保变更的实施[4]。

以上八个要素在浦东机场安全管理体系的实施中相辅相成,缺一不可。

3.2 安全管理体系内容

3.2.1 安全政策

安全政策是实现机场预期安全成果的基本理念和指导原则，它是安全管理体系的第一要素，反映了机场安全管理组织的安全管理目标。制定安全政策将有助于改善机场的安全管理，激励所有员工并展示机场对安全的坚定承诺。

因此，机场管理层必须坚持科学发展、安全发展的原则，贯彻“安全第一，预防为主，综合治理”的安全方针，明确机场的基本安全理念，把安全工作放在首位，正确处理好安全与生产、安全与维护、安全与效益的关系，合理利用资源；同时，要系统学习国家法律、法规、规章、规范性文件和标准，确保制定的安全政策满足国家和民航局的法律、法规、规章和规范性文件和标准的要求，通过风险管理防止一切事故、事故征兆和事件的发生；坚决执行“五严”要求，确保安全管理体系得以充分实施并得到持续的完善；此外，机场应总结机场的经验和教训，辅之以群众意见，加强与员工和乘客之间的沟通，确保安全政策的制定是符合生产实际的。

通常来说，安全政策至少应包括：①能促进和谐的民用航空机场建设和激励员工的收入分配政策；②安全责任制的考核和奖惩政策；③倡导学习型企业的和促进问责制的、学习的和公平公正的安全文化的政策；④建立运营管理模式和能构成有效安全机制的政策；⑤重视科学技术的，能提高机场的安全和技术含量的政策；⑥承诺提供与机场规模相称的人力、物力和财力，加强安全基础设施建设的政策；⑦重视机场的职业健康和应急反应的政策；⑧建立重大事故追究责任制度的政策；⑨承诺主动接受局方监督检查并积极整改的政策；⑩承诺定期进行安全评估、监督审核，持续推进安全管理体系的政策等。

浦东机场一直将安全管理体系，尤其是安全政策的制定视为重中之重。具体来说，浦东机场管理机构建立了权责明晰、管理高效的组织机构和运行机制，同时书面明确组织机构的安全责任和义务，并依据《中华人民共和国安全生产法》的有关法规要求，理顺和明确所有安全管理人员的职责，在浦东机场实施安全责任制度。

同时，为有效应对突发事件，浦东机场还通过安全信息管理、风险管理、安全绩效监控和安全绩效评估等手段，提高安全管理的事前预见能力和事中管理水平，将浦东机场的安全风险维持在可接受的水平。若紧急事件仍然发生，浦东机场也编写了危机管理计划，从而及时有效地管理风险，防止或减轻人员伤亡和财产损失，并尽快恢复机场的正常运作。建立健全机场应急处置制度，明确突发事件发生时的职责分工，定期演练风险预案中的各种突发事件是实现机场安全管理体系功能的必要要素之一。浦东机场已经建成较为完善的应急处理机制，并有丰富的应急处突经验。

除此以外，为方便机场安全管理体系的内部行政管理、沟通和维持，便于安全管理相关活动的查阅、追溯和监督，浦东机场安全管理部门有效组织和管理安全管理体系的文件，建立浦东机场文件制度体系，明确规定各类文件制定、审核、发布、存档等程序。安全管理体系文件通常包括：①安全管理体系核心文件；②现行安全管理体系相关记录和文件的汇编；③其他文件。

流程上，一旦制定了安全政策，机场应根据适用的程序进行审查和批准，将其转发给机场管理机构的负责人，并分发给所有员工。机场管理部门和相关部门应考虑采取具体措施，促进安全管理政策的实施，确保遵守承诺。同时，机场管理机构需定期审查安全政策，确保其适用性（浦东机场安全政策样例见附录）。

3.2.2 安全目标

安全目标是机场安全管理的核心，是机场安全监督、审计和绩效评估的基础。它使机场在保持正常运营的同时，能够不断改进安全管理水平，实现民航局的总体安全目标。

安全政策确立后，机场管理机构可以根据安全政策和机场的实际情况，确立机场的安全目标，包括远景目标和年度目标，并根据政府和行业机构的相关要求，结合机场自身的特点和定位，细化年度目标，形成一个安全目标体系。在制定安全管理目标体系时，应尽可能地将安全目标量化，对每个级别进行划分，并细化到工作岗位，明确责任、绩效和激励目标，以激励员工承担责任、实现目标，使下一级别的目标与上一级别的目标保持一致，从而实现最终目标。

安全目标必须由浦东机场管理机构主要负责人书面批准并传达给所有员工，并根据安全目标编制行动计划。同时，机场管理机构必须建立安全绩效管理机制，定期审查机场的安全目标，并根据机场的安全政策和实际执行情况不断改进和修订。

浦东机场的安全目标基于上述原则，并结合机场过往案例经验和发展规划确定，实现快速、精确、自动的多目标任务管理。优化安检流程、精细化安检服务等一系列目标的提出和落实不仅完善了机场的安全管理体系，更提升了旅客出行便利度和机场体验满意度。

3.2.3 安全管理组织机构及职责

机场管理机构应根据机场运营规模和发展需要，建立符合政府和民航业要求的权责明确、能有效管理的运营安全管理组织架构和机制，明确浦东机场管理机构在安全领域的职责和权限，使所有管理人员和利益相关者在安全管理方面的责任合理化和明确化，确保其落实，同时还需明确与安全相关的岗位管理层人员决定风险容忍度的权限。

机场管理层需要对现有的组织机构进行必要的调整和改变，以满足安全管理体系的要求和自身的情况。具体而言，应当成立机场安全管理委员会、安全生产委员会、安全管理部门、运行管理和保障部门等，管理人员的设定方面应包括浦东机场安全管理机构主要负责人、运行安全主要负责人等。对于机场组织机构的所有调整和变化，都应评估和记录其对安全管理体系的影响，并形成文件。

浦东机场的安全管理委员会由浦东机场管理机构、驻场航空运输企业、空中交通管理单位、油料保障企业和其他相关部门的安全管理人员组成，由浦东机场管理机构运行安全主要负责人主持，负责协调浦东机场管理机构和驻场单位之间的安全生产。安全管理委员会定期召开会议，通报和沟通浦东机场的安全状况，识别危险和评估风险，协调和解决相关问题，促进浦东机场生产经营安全法规的实施，确保浦东机场安全有序运行。其职责包括：①根据国家法律、法规和规章标准，对浦东机场的运行安全进行指导；②调查、分析和评价浦东机场的运行安全状况，对浦东机场的运行安全进行评估；③协调和解决浦东机场运行中出现的安全问题；④对浦东机场运行中的安全隐患和问题提出要求进行整改，并确保有关单位实施；⑤根据国家法律、法规和标准，调查其他必要的问题，对浦东机场的运行安全进行指导。

安全生产委员会由浦东机场主要领导和各部门、单位行政正职组成，由浦东机场安全管理机构主要负责人领导，日常工作由运行安全主要负责人负责。安全生产委员会应定期召开会议，主要负责对为实现安全绩效目标所采取的措施的有效性进行评审，从而监测安全管理体系的有效性并监督采取的必要纠正措施，根据机场安全政策和目标监测安全绩效监测机场安全管理程序的有效性，监测对第三方业务的安全监督的有效性，确保分配足够的资源以实现安全绩效。

安全管理应按照《中华人民共和国安全生产法》配备专职安全管理人员，形成相对独立的安全管理人员队伍。其职责主要包括：①明确浦东机场的安全目标和措施；②收集、分析、总结和发布浦东机场的安全信息；③监控和审查浦东机场的整体安全状况；④监督所有部门的安全绩效；⑤筹备和召开机场安全管理委员会会议，提出工作建议；⑥组织相关部门会议并在会议上审查风险；⑦分析安全建议的有效性，必要时提出安全建议并监督其实施；⑧负责安全管理体系的运行和管理。所有的安全管理人员都必须经过专门的培训，并按照相关要求取得资格。

运行管理和保障部门直接对其管理的业务工作的安全负责。浦东机场安全管理部门需要根据运行安全管理体系的要求，协调和扩大运行管理部门和安全部门的职责，明确其直接的安全责任，完善风险管理，建设安全文化并监督其实施。特别是运行管理部门需要强化职能，充分发挥其在管理日常运行安全信息、指导和协调机场紧急情况下的第一时间管理组织的作用，确保安全生产处于受控状态。

安全管理机构的主要负责人是安全生产和机场安全的第一责任人，其对机场安全管理体系的实施和运行负全部责任，并负有最终责任和义务。安全管理机构主要负责人不可转让其安全责任和义务，可亲自负责安全工作，或指定一位副总经理以上人员担任运行安全负责人，负责建设机场安全管理体系。安全管理机构主要负责人应帮助指定人员履行与机场安全运行管理以及建设安全管理体系有关的职责。

运行安全负责人协助安全管理机构主要负责人执行与安全管理有关的各种法律、法规和标准，协调和整合运行安全业务管理，负责其责任区的运行安全业务管理，监督机场的所有运行安全业务和日常运行安全业务。负责运行安全的管理人员应根据相关要求接受培训并取得相应资格，其职责包括：①组织建立和实施安全管理体系，并定期进行审查和审计；②组织机场安全委员会的定期会议，协调解决相关问题；③组织和管理安全教育和培训、安全检查和审计、危险事件调查等日常工作，对安全管理工作进行改进；④召集举行机场安全管理委员会的会议并协调浦东机场安全管理部门和其余驻场单位之间的工作和关系，及时解决出现的问题。

其他领导对其分管业务和部门的日常安全管理工作具有直接责任，应经过专门培训，具备相应条件，其基本职责包括：①按照职责分工，督促分管的业务、部门的安全责任和各项安全管理任务的落实；②监督分管部门执行国家有关法律法规、行业标准、规定和其他要求，确保安全管理业务符合法律法规的规定；③根据自己的权限审核并批准分管部门对安全工作的投入；④按照“安全第一”的原则，协调解决分管部门安全工作与业务工作、安全生产与经营发展之间的矛盾，以保证安全投入和安全规划的有效实施。

此外，浦东机场安全管理部门任命了一名安全经理，负责实施和维护一个有效的安全管理体系。安全经理应该是公司副总或以上级别的人员，在特殊情况下，可以由所辖管理局任命安全管理部门的主要负责人担任。安全经理的选择标准应包括：①充足的安全和质量管理经验；②丰富的安全运营经验；③安全方面的技术背景和对机场运营的了解；④强大的组织和协调能力；⑤分析和解决问题的能力；⑥优秀的项目管理能力；⑦优秀的口头和书面沟通技巧。

最后，机场管理机构应为安全管理的所有岗位配备足够数量的合格人员。职工处于安全生产的基层和一线，是安全规则的执行者和作业安全的操作者，需要认真学习和理解安全管理体系的概念和要素，积极参与安全管理体系的建立，履行岗位的安全职责。

3.2.4 安全教育与培训

按照安全生产法和有关法律法规，机场应当编制安全教育与培训计划，明确机场每个岗位的培训内容及培训计划，确保所有人员得到培训教育，从而提高从业人员的业务水平和综合素质，使其胜任岗位工作，有能力执行安全管理体系的任务，强化安全和遵章守纪意识，提高业务水平，促进安全管理体系的实施。

安全教育培训的内容、学时应满足《中华人民共和国安全生产法》《生产经营单位安全培训规定》和《民用航空安全培训规定》《运输机场运行安全管理规定》等有关法规要求。具体来说，新员工安全教育包括：①机场级别安全教育；②部门级别安全教育；③岗位级别安全教育。管理人员安全教育包括：①机场运行安全知识；②安全生产相关法律知识；③安全规章制度；④安全管理理论知识。全体员工日常安全教育包括：①机场运行安全知识；②安全管理体系中的所有要素。安全管理体系初始培训包括：①安全管理体系的基本概念；②安全管理体系的要求。安全管理人员的特定培训包括：①不安全事件调查处理；②安全绩效考核；③安全检查单编写；④安全信息管理。机场突发事件响应培训包括：①机场突发事件预案的宣教培训；②机场突发事件预案演练。

浦东机场当前高度重视安全教育与培训计划，已经编制了详尽的安全教育与培训计划，包括针对全体员工的定期安全培训、针对特定工种的行业安全培训和演练、针对新员工的机场运营安全知识和岗位安全教育等。

此外，机场管理部门必须按照安全生产法和有关法律、行政法规的规定，建立健全安全教育、培训和考核制度，指定专人负责组织开展安全教育和培训，根据培训教育需要和实际情况编制培训计划和方案，同时分配各种资源来进行培训和教育，确保安全教育的顺利实施。另外，各种培训均须作好相应记录并进行管理。

所有在浦东机场长期或临时工作的员工都必须接受操作安全、交通管理和操作程序等方面的培训。机场内所有与安全运行有关岗位的员工均应当持证上岗。浦东机场安全管理部还应对培训效果进行评估与考核，确定安全初训和复训的标准，建立健全从业人员安全培训、考核、奖惩档案并长期保存，员工考核记录、奖惩档案等按照规定至少保存五年。除了专门的安全教育和培训外，浦东机场每年对所有员工进行工作岗位技能培训并进行经常性的日常安全教育与演练，在机场形成安全第一的氛围和文化。安全培训工作已经被纳入年度工作计划，安全教育培训工作完成情况也被纳入绩效考核。

3.2.5　安全管理信息系统

有效的组织和管理可以确保机场安全管理体系的所有文件得到妥善保存和动态管理，从而可以完善机场自身的文件体系，确保文件的适用性和效率，规范文件的使用和管理，加快文件的检索，便于机场的内部管理、沟通和维护。

浦东机场的管理机构需要建立一个安全管理信息系统，安全管理体系实施后，浦东机场管理机构应建立畅通的信息渠道，记录安全管理体系的相关运行活动，按要求收集、汇总和储存安全信息，并将其作为危险事件调查、安全监督检查、风险管理和安全目标等安全活动的依据，从而实现信息共享并促进安全管理制度的建设，避免危险事件和事故征候等的发生，方便安全管理活动的追溯，改善机场安全。

为此，浦东机场管理机构应建立浦东机场文件管理系统，明确收集和处理各类文件的标准和程序，并监督批准的文件管理系统的实施。浦东机场管理机构应根据国家和行业有关法律、法规、规章和规范性文件，建立签发、处理、管理、收集、审查、归档、记录、查阅、更新、修改和撤销等文件管理的程序和制度，并协调机场安全政策、目标和组织结构的有关内容。浦东机场管理机构还审查输入系统的文件，以确保各种文件之间的一致性以及与浦东机场运营环境的相关性。同时，浦东机场管理机构需妥善保存涉及安全管理体系的内容，明确文件体系的存档期限，纸质文件按规定至少存档两年，电子文件至少保存十年。所有与安全有关的文件都需要逐步实现数字化管理。此外，浦东机场管理机构应确保相关用户能及时获得相关的有效文件。

浦东机场文件系统内容包括以下内容：①国家和地方当局颁布的与安全生产有关的法律、法规、规章和各种通知、通报和指示；②适用于民航业的各种安全计划、法规、规范性文件、标准和各种通知、通报和指示；③国际民航组织（International Civil Aviation Organization，ICAO）有关机场安全运行的文件、标准和程序；④各种机场管理的体系、制度、标准和操作程序；⑤与人员培训有关的记录、与风险管理有关的记录（包括危险源识别、安全信息、不安全事件调查、安全检查），以及相关档案记录等；⑥各类声音、视频、图像资料等。另外，必须涵盖安全管理体系的所有组成部分和要素，例如：①基本的安全管理体系文件，包括安全政策和目标、安全管理体系要求、安全管理体系过程和程序、安全管理体系过程和程序的责任、职责和权限；②有关现行安全管理体系的适当记录和文件的汇编，如危险报告清单和实际报告样本、安全绩效指标和相应的图表、已进行或正在进行的安全评估记录、安全管理体系的内部审查或审计记录、安全宣传记录、个人安全管理/安全培训记录、安全管理体系/安全生产委员会的会议记录以及实行安全管理体系的计划等。

在建立安全信息管理制度时，浦东机场遵循政府和中国民用航空局的相关规定，应明确安全信息管理的责任划分、信息内容，以及收集、储存、分析、发布和反馈等程序。浦东机场建立安全信息数据库时，基于保护信息来源的原则，确保及时、适当、准确地收集安全信息，及时分析和审查安全信息，并提出改进安全管理的措施。

从信息来源渠道看，安全信息可分成以下两类：①机场内部安全信息：如相关运行部门的日常运行报告、员工对安全生产的建议、机场内部检查中发现的问题、不安全事件报告、员工自愿报告、事件调查中发现的问题、风险分析报告、综合安全风险管理档案和其他机场安全信息；②机场外部安全信息：如国际民航组织有关机场运行安全的文件、手册和程序；国家相关的法律、法规和安全通告、通知、指示等；民航业的安全运行规章制度和安全规则和标准；各省和地方的机场安全生产运行的规则、规章、通知、通报、指示；中国民航安全信息网的信息；中国航空安全自愿报告系统（Sino Confidential Aviation Safety reporting System，SCASS）提供的机场安全相关信息；外部安全审计提供的相关信息；其他国际、国内组织、机构或媒体发布的相关机场安全理论、经验和科学发展信息等。

此外，机场可以建立安全报告系统，分为强制报告和自愿报告两种，这些信息可以用来评估机场的安全绩效。为此，机场方面确定强制报告的标准和范围，建立强制报告制度，重点收集有关技术缺陷的信息；还应该在机场建立一个自愿的信息报告系统，并鼓励员工向 SCASS 报告安全信息。自愿报告制度将允许员工在没有相应的法律或行政报告要求的情况下，报告与已发现的危害或无意错误有关的信息。浦东机场可以对自愿报告非故意错误或违规行为的人给予奖励或减少处罚。安全报告系统应便于业务人员使用，业务人员应接受使用安全报告系统的培训，以便他们能够收到与他们的报告有关的纠正行动的积极反馈。

3.2.6 风险管理

风险管理是指识别、分析、消除或降低危害至可接受水平的过程，是机场安全管理体系的核心理念。作为机场日常运营管理的一个重要组成部分，风险管理识别所有的危险及其风险内容，评估机场的安全风险状况，并不断识别、评估和控制安全风险，从而加强和改进浦东机场相关的文件和系统，增强设备和设施人员，不断提高安全水平。

为此，浦东机场将风险管理的理念引入机场的日常运营中，及时制定和完善风险管理制度和程序，确保其有效实施，在组织的各个层面明确风险管理的范围和责任（具体到岗位），并积极实施风险管理活动。同时，浦东机场积极寻求适合本机场的风险管理方法，特别是风险源识别和风险源分析的技术方法，争取将风险控制在“切实可能低”的水平。

1. 风险源识别

风险源识别是对可能引起人员伤害或财产损失的情况和条件进行识别的过程。浦东机场的管理层需要明确并不断改进识别危险的程序，清楚描述各种风险源的识别过程并结合被动、主动和预测性安全数据收集方法。对于浦东机场而言，需要建立一个与浦东机场运营规模和复杂性相称的安全管理信息系统。这个系统必须包括对风险源及其相关后果的描述，对安全风险的可能性和严重性的评估，以及必须进行的必要安全风险控制，从而提供风险管理所需的信息。开展风险源识别应至少考虑：①设计因素，包括设备和任务设计；②员工劳动力限制，包括生理、心理和认知上的限制；③程序和操作手法，包括其文件和检查表，以及在实际操作条件下的审查；④信息沟通因素，包括媒体、术语和语言；⑤组织因素，包括与招聘、人员培训、产品和安全目标的适配性、资源分配、企业安全文化等相关的安全因素；⑥与飞机系统运行环境有关的因素，包括环境噪声和振动、温度、照明、可用的防护设备和服装等；⑦管理监督因素，包括法规的适用性和充分性以及设备、人员和程序的认证；⑧能够发现实际偏差的运行差异监测系统；⑨人机界面因素。可用于机场风险源识别的内部数据资源有：①常规操作监测；②报告系统；③安全调查；④安全审计；⑤培训反馈；⑥事故调查报告。外部数据资源有：①行业安全信息报告与事故调查报告;②国家报告系统;③国家的监督审计;④信息交流系统。

在风险源识别上,浦东机场持续增加人力、物力和财力的投入,审查机场的各种操作程序,解决机场运行中的所有潜在风险,确保能不断发现机场存在的所有风险源,特别是确保关注和消除与飞行操作有关的危险和可能误导驾驶员(包括航空器驾驶员和车辆操作员)的风险源以及与跑道侵入有关的风险源。

风险源识别的具体内容应至少包括:①风险描述;②风险涉及人员和设备设施等;③风险评价时限。风险源识别的时机应至少包括:①当上级主管部门报告危险事件时;②当本机场或行业其他机场发生危险事件时;③当机场运行中开始一项新的任务、项目或重大事件时;④当机场人员、设备、运行程序或环境发生变化时;⑤当发现偏离现行的法规或标准时;⑥当发现影响机场净空的情况时(如存在障碍物等);⑦当临时接收的飞机的类型超过了机场的额定跑道飞行区等级前;⑧与安全有关的事故或违反安全规定的行为增加时;⑨各上级行业组织要求时。

通常情况下,通过对与各岗位相关的人员、设备、环境和工作程序的量化安全描述,可以对每个岗位进行基本风险评估,并可建立岗位基本安全风险评估档案,从而对机场整体安全状况进行逐步的动态描述,实时监控进而消除风险源(岗位基本安全风险评价档案见附录)。回顾性的岗位安全风险评估是各种安全管理任务的基础,是日常风险控制的工具,也是评估安全绩效的标准,可以由浦东机场安全管理部统一开展和监督,每个岗位负责其具体职责,评估结果由岗位所属的上级部门审核。浦东机场在安全管理体系建立之初对岗位进行基本安全风险评估,并在之后定期进行评估,及时完善和更新岗位基本安全风险评估档案。

风险源识别的其他方法包括:①对近年来发生在本机场的不安全事件进行分析;②对国内外其他机场发生的不安全事件进行分析;③机场安全信息报告系统;④头脑风暴法;⑤对利益相关者进行调查和访谈;⑥对机场安全进行内部监测;⑦对 SCASS 中的机场安全信息进行分析;⑧失效树理论;⑨系统工程理论;⑩危险和可操作性分析;⑪What-if 分析等。

此外,按照安全政策规定,任何单位或个人发现影响或可能影响机场运行安全的风险信息,都应按规定报告,并由经授权的部门进行汇总,风险分析结果应被告知给相应的上传报告的单位或个人。

2. 风险源分析

识别出风险源后,机场应对已识别的相关安全风险进行分析和评估。风险分析是一个组织专家使用定量或定性的评估方法来确定风险情况发生的可能性和可能造成后果的严重性,最终确定风险的程度的过程[5]。常用的方法有风险矩阵、层次分析法、模糊综合评价法等。对一般风险而言,采用风险矩阵即可。风险评估的各个步骤包括:①确定每个风险发生的概率;②评估每个风险发生时可能产生的后果的严重性;③根据国际民航组织的定义,计算风险情景的风险度(风险度=概率×严重性)。

最后,对于风险度超过接受范围的风险,浦东机场管理机构应及时制定控制措施并尽快实施。

3. 风险源控制及监控

应根据风险管理制度和程序规定的责任和权限来处理风险,每个职位、团队、科室或部门都有自己的责任,能够利用自身资源在岗位层级解决的尽量在岗位层级解决,在岗位层级难以解决的再逐级解决(浦东机场应至少在科室及以上级别建立风险管理团队并为其提供资源,每个级别的风险管理团队通常由该级别的主管领导,以及具有风险相关活动的相关知识和实践经验的工作人员组成)。对于重大风险,如高风险度、高投入或影响多个部门的风险,可由浦东机场安全管理部通过相关机场部门或组织,如安全生产委员会和安全管理委员会进行管理并协调解决。

风险控制策略性方法通常包括:①避免或消除风险;②转移风险;③减轻风险;④回避风险;⑤暂时接受风险等。风险控制技术性方法通常包括:①改变系统设计,从根本上消除风险;②安装物理防护或障碍物,以减少发生风险的可能性或严重性;③安装警告装置或标志,明确指出可能发生危险的地方;④改变工作程序,以减少风险的可能性或严重性;⑤培训工作人员处理危险,以防止对人员造成的损害并提高工作人员的应急反应;在实际运行时,应尽可能首先从系统设计的源头消除风险。风险控制方案的选择步骤为:①确定风险情景可用的控制方案;②分析各种方案可能给机场带来的成本和效益以及所需要的时间、可能遇到的困难等;③评估各种方案的残余风险,全面考虑各种方案的得失利弊;④确定最终方案组合。

一旦建立了风险控制方案,机场管理层必须编制风险控制方案的实施计划。实施计划至少应包括:①实施计划的环境;②负责整个风险控制方案的部门和人员;③要采取的行动、实施和完成日期;④实施计划所需的各种资源;⑤负责各种任务的人员。

在控制方案的实际执行过程当中和过程之后,机场的相关部门还应该定期审查风险控制措施的执行效果和有效性。浦东机场相关管理机构的工作内容应包括:①确定需要监控的活动、方法、时间和负责监控的人员;②审查控制措施的有效性;③如果风险控制措施无效,应分析和确定原因,并采取纠正措施,确保风险的受控。

在风险管理过程结束时,机场管理机构应确保所有的风险管理活动都有完整的记录,并建立安全风险评估档案,可用于调查、跟踪、公布和分析。浦东机场的每一级都应编制风险信息表,由浦东机场管理机构指定的部门负责收集整个机场的风险信息。机场还可以利用新兴技术对档案进行电子化管理,对风险信息进行科学分类,并建立标准化的数据库进行动态管理。风险信息表的维护和管理应该遵循安全管理信息系统中的要求。

风险控制方面浦东机场一直走在数字化、流程化、系统化的道路上。浦东机场计划逐步引入并实行“风险信息警示单”制度，以便将尚未消除的较高级别的风险以适当的警示形式在整个机场范围内进行公布，至少在风险水平下降到可接受的水平或完全消失之前都需要进行。根据不同场景的风险程度，浦东机场可以用不同的颜色来表示不同级别的风险警告，然后在内部网上发布风险信息并进行存储。

4. 不安全事件调查

不安全事件主要包括机场飞行安全保障、空防安全管理、航站楼安全管理、机坪安全管理、运行指挥管理、机场应急管理、信息安全管理、能源安全和动力能源保障、施工安全管理、消防安全管理和危险品运输等方面发生的不安全事件。

不安全事件调查的目的是找出事件的原因，特别是系统和组织的缺陷，从而确定风险，研究对策，实施纠正措施，改进风险管理水平。机场应建立不安全事件调查程序，包括不安全事件的报告程序和调查启动程序，明确调查应遵循的准则、范围、参与方，确定处理结果的程序。不安全事件调查人员应具备与所调查的不安全事件相关的技术知识和技能，并根据需要接受培训。与不安全事件有直接利益关系的人不应该参与调查。同时，调查人员应运用其在系统安全、风险管理和人为因素方面的理论知识，确保调查质量，以实事求是、客观公正的态度履行职责和行使权利，未经许可不得向公众公布不安全事故的调查结果。不安全事件调查结束后，机场管理机构应公布调查结果，并适时修订完善安全政策、安全目标和规章制度等，相关责任单位或部门应将改进计划提交给浦东机场安全管理部门。另外，负责安全管理的部门还应定期监测改进计划的进展情况，确保改进计划得到有效实施。对不安全事件的调查应记录在适当的文件中，如录像、录音、照片和相关文档记录等，安全管理部门应对其进行统一收集与分类。

5. 突发事件响应

机场突发事件包括航空器飞行事故、劫机炸机事件、机场运行突发事件和对机场运行产生重大影响的突发事件(机场突发事件类型见附录)。突发事件响应主要发生在机场突发事件期间，以防止或减轻人员伤亡和财产损失，使机场尽快恢复正常运行，包括突发事件预防和应急准备、监测和预警、应急响应和救援、事件后恢复和重建等。

机场应对突发事件的能力是衡量机场运营管理水平的重要指标，是机场管理机构主动进行安全管理的具体体现，也是保证机场安全管理体系功能的要素之一。因此，机场管理机构应提高安全管理的积极性和主动性，通过风险管理、危险事件调查、安全监测和安全审计等方式，努力维护浦东机场的安全运行或将安全威胁遏制在可接受的风险水平以内。如果上述风险控制方式仍未起作用，则需启动突发事件响应，及时有效地应对突发事件，将影响和损失降到最低。

具体而言，机场管理机构需要建立应急事件响应体系，明确职责分工，落实应急事件响应体系的审核、批准和完善程序等。此外，浦东机场管理机构必须编制一个可行的机场突发事件响应预案，其至少要涵盖机场所有类型的紧急情况。涉及航空器飞行事故的预案应符合《中华人民共和国突发事件应对法》《国家处置民用航空器飞行事故应急预案》和《民用运输机场应急救援规则》等相关要求，涉及劫机炸机事件的预案应符合《国家处置劫机事件总体预案》《处置非法干扰民用航空安全行为程序》和《民用运输机场应急救援规则》等相关要求。浦东机场管理机构还应当建立浦东机场突发事件应急演练预案，按照有关规定的要求组织演练，预案应当对机场各类突发事件都进行演练，重点解决其中的领导、沟通和协调方面的问题，确保所有参与机场应急管理的单位和人员都熟悉并能够审查应急计划。浦东机场管理机构应与应急处置相关组织机构，如驻场各单位、合约方、地方政府等保持应急预案的协调统一。机场发生突发事件或应急管理演练后，浦东机场管理机构应及时安排评估和审查，完善突发事件应急管理预案，并安排对修订后的预案再次进行评估或演练，确保预案的有效性、可行性和安全性，避免类似突发事件再次发生，并在适当范围内公布机场安全事件应急管理概况。此外，机场管理机构需要建立完善机场的突发事件应急管理体系的培训制度，通过培训和演练，让有能力的指挥人员和工作人员做好应对机场突发事件的准备。

3.2.7　机场安全监督与审核

为了准确评估机场的运行安全状况，机场管理机构应定期核查机场的安全管理体系的执行是否按照国家民航法律、法规、规范性文章和标准实施，是否有效运行，是否有助于实现安全目标，并应利用监督和审计结果的反馈来评价机场的安全绩效，确认结果。同时，要及时发现薄弱环节，以便不断改进安全管理体系。

因此，浦东机场明确安全监管和审计责任的分配，建立问责框架和程序，并分配足够的资源，确保安全监管和审计的实施。对于审核发现的安全隐患，浦东机场相关管理部门会在机场适当范围内进行公布，督促各级部门及时整改，必要时启动风险管理程序，监测结果和应对行动也应被记录和存档，并建立适当的信息反馈制度以实现管理闭环。如有必要，浦东机场还邀请有资质的外部机构和专家对浦东机场进行审计。

1. 安全绩效管理

安全绩效管理旨在通过评估和分析各种安全绩效指标，编写改进计划，实现机场安全管理的自我完善和持续改进，从而提高安全绩效。安全绩效指标是安全监督和审核的依据和评价标准，因此机场管理机构应确定符合机场实际情况的安全绩效指标，除了选择事故、事故征兆和不安全事件总数等基于结果的安全绩效指标外，还应该考虑基于过程绩效和历史比较的安全绩效指标。表 3-1 所列为常见的安全绩效指标样例。

表 3-1　安全绩效指标样例

层级	类别	绩效指标	考核依据
机场	基于结果	机场安全目标完成情况	上级统计
	基于过程	安全信息管理工作是否按照规定实施	程序记录
		每月的安全会议是否按照规定召开	会议记录
		内部安全监督发现问题的处理率和处理效果	程度记录
		不安全事件造成的财务损失低于上年度同期水平	财务统计
保障部门	基于结果	部门安全目标的完成情况	部门、上级记录
		部门每月发生的不安全事件数	部门、上级记录
		部门责任引起的外来物损坏航空器事件	部门、上级记录
	基于过程	每月的安全会议是否按照规定召开	会议记录
		对提交安全报告的员工的反馈情况	安全管理部门记录
		每月要及时上交上个月的安全月报	报告、上级记录
个人	基于结果	个人安全目标的完成情况	上级记录
		员工安全生产违规率	上级记录
	基于过程	是否按照规定主动报告安全信息	程序记录
		是否按照机场规定参加安全会议	会议记录
		安全培训的效果	培训档案

来源：中国民用航空局. 运输机场安全管理体系（SMS）建设指南[EB/OL].（2019-07-10）[2022-10-20]. http://www.caac.gov.cn/XXGK/XXGK/ZCFB/201911/t20191104_199328.html.

浦东机场管理部门明确并不断完善安全绩效管理的方法与程序，同时配备足够的资源进行安全绩效管理，开展安全绩效监测与评估，以核验安全绩效，验证安全风险控制的有效性。安全绩效管理的基本流程如下：浦东机场的管理机构分阶段对安全绩效进行全面的审查和评估，根据安全监督和审计的结果进行奖励和处罚。安全绩效的核验必须以安全绩效指标与安全目标为标准，从而支持本机场的安全目标，进而改进安全目标和安全绩效指标。

机场管理部门应收集和记录安全绩效的监测和评价结果，建立信息反馈制度，并在适当的范围内公布，实行闭环管理。另外，机场及时处理通过监测和评估安全绩效时发现的安全威胁，必要时可以启动风险管理程序。安全绩效指标的建立、更新、监测、考核等工作应指定专门机构负责，明确安全绩效管理的职责分工，落实责任制。

2. 安全监督与审核

安全监管的主要形式包括日常监控、定期检查、专项检查和综合检查等，可由浦东机场各层级、各部门进行自查，或各层级职能部门按级进行检查。安全监督的主要形式包括现场检查、审查资料文件、工作人员访谈、问卷调查、检查表和书面检查等。安全监督的主要内容包括：①机场日常运营的安全情况，遵守和执行安全法规、标准和程序的情况，重点监测和审查与航空安全、防空安全和航空器地面安全直接相关的项目、过程和漏洞，以及经常发生问题的薄弱环节；②安全管理体系中漏洞的纠正措施的实施情况；③安全目标的实现情况；④风险管理相关措施的实施情况和管理控制的有效性；⑤分配给机场安全运行保障的资源情况；⑥合约方对相关安全规定的执行情况。

机场的相关部门在每次监测和检查之前，都应准备好计划和检查表，并指定一名负责人。如果发现了安全威胁、系统和组织上的弱点或者员工的违规行为，必须认真处理，并由负责人确认改进的结果。

安全审核的重点是安全管理体系和相关系统的完整性。审核提供了对安全风险管理和相关质量保证流程的评估。安全审核工作可以由机场当局以外的组织进行，或可通过具备必要政策和程序支持的内部审计程序进行，以确保其独立性和客观性。

安全审核旨在提供安全管理职能的保证，包括人员配置、遵守规章、能力和培训水平、内部审核和外部审核。

内部审核通常检查：①内部文件体系是否符合国家法律、法规、规章和规范性文件的要求；②内部文件体系是否得到有效执行；③机场的安全管理体系是否有效。

在进行内部审核之前，浦东机场管理机构必须编制机场安全管理体系的内部审核计划，明确职责、内容指标和方法等，并规定每年定期进行审核。内部安全审核一般包括五个步骤：①确定审核计划；②实施审核；③确定整改措施；④提交审核报告；⑤监督整改措施（图 3-1）。

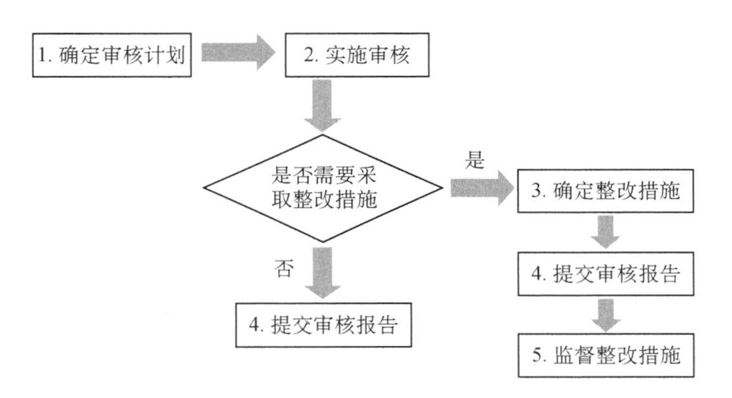

图 3-1　内部审核流程

来源：中国民用航空局. 运输机场安全管理体系（SMS）建设指南[EB/OL]. (2019-07-10)[2022-10-20]. http://www.caac.gov.cn/XXGK/XXGK/ZCFB/201911/t20191104_199328.html.

内部审核应独立于被审核对象的人员或部门进行。审核计划应由审核小组共同编制且经过浦东机场法定代表人审阅批准，最终形成记录并上报存档。通常包括：审核背景、目的、范围、标准、方式，审核小组成员名单，被审核的部门以及审核时间表。完成审核计划后，审核小组需要将该计划发送至相应的被审核部门，如果被审核部门对审核计划的内容有异议，应在审核前告知审核组长，并与审核组讨论。在审核开始之前，应提前召开由安全经理主持的会议，审核组长应在该会议上向被审核部门简要介绍审核计划的内容。会议结束后，审核小组应立即开始审核工作，被审核部门应配合审核工作。审核结束后，还需举行审核末次会议，将发现的问题传达给被审核单位，解决被审核部门和审核小组之间的任何分歧，并就审核结果达成一致意见；如果在审核过程中发现问题，被审核方需要在审核结束后的 5 个工作日内提出纠正措施并编制实施计划。实施计划应包括要采取的行动、实施日期、完成日期和每个纠正行动的负责人，待安全经理和机场法定代表人同意该纠正计划后，被审核部门即可开始行动。纠正措施和方案都应该形成记录并存档；审核报告应在审核组长的监督下编写，审核组长对审核报告的准确性和完整性负责。审核报告必须包括被审核的部门、审核目的和范围、审核原则、审核期限和日期、审核小组成员、审核报告所发单位的名单、审核过程的简要说明以及审核结果、采取的纠正措施等，审核报告需要形成记录并存档。审核组组长应与机场安全员合作，定期监测纠正措施的执行情况，编写具体的纠正措施检查表，并由安全员对被审核单位的执行情况进行评估。监测项目包括各级员工是否履行了各自的职责，是否在规定的时间范围内履行了职责，以及他们履行职责的效率如何。审核结束后，应提交一份书面报告并记录在案。

外部审核的审核内容与内部审核内容一致，由浦东机场管理机构委托第三方开展，以对内部审核制度进行补充，并提供独立、公正的监督。浦东机场管理机构可邀请机场所在地的地区管理局及监管局人员指导外部审核工作。外部审核每五年至少开展一次。

3. 持续改进

机场管理机构可以通过监测机场的安全绩效指标对安全管理体系及其相关安全控制和支持系统进行持续改进，确保安全管理过程能够实现其目标。为此，浦东机场管理机构建立和实施了安全管理体系评审制度，明确安全管理体系评审的职责、频率、内容、方法和程序，每年至少进行一次安全管理体系分析评审。在具体实施过程中，机场管理机构应配备足够的资源，对管理评审、纠正与预防措施进行记录归档，并制定相关信息反馈制度，实施闭环管理。

管理评审时应该收集并分析：①安全政策和安全目标的充分性；②风险管理的有效性；③当年安全行动的总结和安全绩效评估报告；④以前安全管理评审的后续跟踪工作；⑤任何可能影响安全管理系统的变更；⑥关于改进安全管理系统的意见和建议。根据评价结果，可以相应进行：①安全政策和目标的调整；②安全岗位和责任设置的调整；③安全管理程序和过程的调整；④安全管理资源投入的调整。

3.2.8　变更管理

变更是指由于自身的扩张、精简和现有系统、设备、程序、产品和服务的变化导致的新设备或新程序的引入，变更可能会带来风险源，需要进行系统、主动地识别，并制定、实施、评估用于管理风险源导致的安全风险的策略，保证将变更带来的风险控制在可接受范围之内，确保变更的实施。

因此，机场管理机构需要制定并不断完善其变更管理制度和程序，以识别单位和各安全相关部门可能发生的各种变更，同时管理变更可能带来的风险，防止出现新的风险事件。具体来说，机场管理部门需要通过各种方式和渠道收集安全信息，以快速识别可能影响其运营安全的潜在变化，启动变更管理程序的时机应至少包括[6]：①发生新的建设项目时，如新建的、翻新的或扩大的运营设施和设备；②机场的人员、设备、运营程序或机场环境发生重大变化时；③机场开展新的运营、项目或重大活动时；④机场增加新的飞机类型或新的航空公司时；⑤发生重大的组织变化，如建立一个新的机构、扩大或精简一个机构、合并或增加一个新的航空公司时；⑥规章要求变化时；⑦其他可能影响安全风险水平的情况。浦东机场管理机构应明确变更风险等级的标准和对每一等级变更风险的管理部门，只有当变更风险被控制在可接受的范围内，才能实施变更。

浦东机场持续性完善变更管理制度和程序，识别各单位和各部门可能发生的变更风险，谨防风险事件。浦东机场可自行开展变更管理，也可以委托其他单位协助开展变更管理工作。

3.3　安全管理体系建设与实践

3.3.1　总体要求

浦东机场管理机构应结合机场规模和运行复杂程度，建立完善且长效的浦东机场安全管理机制，寻求将安全管理纳入日常运营安全的方法以及途径，有计划、有步骤地推动安全管理体系的部署。

安全文化是机场实施安全管理体系的前提，因此，浦东机场需要促进和创造积极的安全文化，将安全管理准则、政策、程序和标准引入所有员工的价值观和行为中，并落实“预防为主，关口前移”的原则，从而推动浦东机场安全管理体系的实行。

3.3.2 建设步骤

首先，浦东机场管理机构应成立浦东机场安全管理体系领导小组，指定安全管理体系负责人作为领导小组组长，并在其下设一个秘书处。领导小组成员和秘书处明确分工，相互协商，建立浦东机场安全管理制度建设机制，开展工作[7]。

然后，浦东机场安全管理体系领导小组应就浦东机场安全管理体系开展系统描述和差异分析。系统描述是指在安全管理体系文件中明确机场及各部门的职责，包含组织机构内部的安全管理体系接口以及与合约方等其他外部组织机构的接口；差异分析是指根据安全管理体系的要求，对现状进行分析，识别和记录差异项并进行记录，以便编制具体可行的实施计划并建立安全管理体系。差异分析既可以是分析浦东机场安全管理体系的要求与现状之间的差异，也可以是分析浦东机场安全管理体系与其他优秀国际机场的安全管理体系之间的差异。差异分析应遵循调查研究、系统规划、实施、报告和改进、持续改进等基本步骤，每个阶段都有明确的目标和具体的组织实施方法。差异分析要形成记录才能督促浦东机场持续改进。

接着，浦东机场安全管理部门、运行与保障部门的负责人及其他相关领导应一同协商并编制浦东机场安全管理体系实施计划，计划应包括实施的时间表和阶段目标，同时还需明确各个阶段及任务的责任人。实施计划可依据实际实施情况或环境的变化而更新，因此还需定期对实施计划进行审查。

浦东机场安全管理体系实施过程中，应形成自我监督和自我完善的体系，融入系统管理、闭环管理、风险管理、信息管理、绩效管理和持续改进等理念，使安全管理体系的理念贯穿于浦东机场的各个方面。具体来说，浦东机场安全管理体系的实施可分为四个阶段。

第一阶段，应确定安全管理体系的负责人并组建实施团队及维护部门，任命关键的安全人员，确定安全管理体系的范围，编制实施计划。同时，还需对重点负责安全管理体系实施的团队进行培训并建立安全管理体系/安全信息沟通渠道。第二阶段，需制定安全政策并确定安全目标，成立浦东机场安全管理委员会、安全生产委员会等并界定各机构部门的安全管理职责与义务，必要时也可酌情建立行动小组，同时需要编写应急预案以增强系统弹性并逐步制定安全管理体系文件/手册和其他辅助文件。第三阶段，主要进行安全风险管理，首先需确定自愿报告程序，然后建立安全风险管理程序、事件报告和调查程序、导致严重后果事件的安全数据收集和处理系统，并确定严重后果事件的安全绩效指标及其相关目标和警告值，根据浦东机场运行报告、事件调查报告、安全信息系统中提供的数据信息等识别、评估并控制风险源，同时还要通过内外部审计与监控进行持续改进和变更管理。第四阶段，应将前面三阶段产生的信息进行整合，持续输入系统形成电子数据库，并根据执行情况修改、完善安全管理体系，使安全管理体系的概念被纳入所有浦东机场的运营文件中，并嵌入运营和操作程序的各个方面。具体而言，需加强现有问责程序/政策并适当考虑无意造成的差错、蓄意或严重违规行为造成的错误；完善安全数据收集和处理系统并纳入低严重后果事件，明确低严重后果安全绩效指标和相关的目标和警告值；酌情制定其他可操作的安全管理体系审核/调查计划。此外，第四阶段还应确保完成所有相关人员的安全管理体系培训计划并促进内外部交流。交流内容可包括：①安全管理系统的建设和实施情况；②事件信息；③影响安全的重大变化；④安全操作的经验和教训；⑤安全状况；⑥操作人员的安全报告和对安全操作的意见和建议。交流途径包括：①安全管理体系文件的分发和学习；②安全管理过程和程序的宣传和教育；③安全信息的通报、介绍和通知；④各种会议，如汇报会、简报和安全审查会议；⑤安全经验分享和技术交流会议；⑥网站和电子邮件；⑦时事通信等。

3.3.3　安全管理体系运营

浦东机场管理机构应明确规章制度是“最低标准”，满足规章制度是“最低要求”。浦东机场管理机构不仅要在文件和制度上满足安全管理体系的要求，而且要在浦东机场的日常运营中贯彻执行。在日常运营过程中，浦东机场管理机构不仅需要主动识别、管理和补救不符合规定的危险源，而且要主动识别并改进规章制度中没有提及的危险源。

除此以外，浦东机场管理机构应进一步加强教育培训，努力建设适合浦东机场实际情况的安全文化，使全体员工系统、全面地将安全管理体系的内涵内化为其自身的行为准则，为促进机场安全目标的实现创造环境。

参考文献

[1] 中国民用航空局. 民用机场使用许可规定[EB/OL]. (2005-10-07)[2022-10-20]. http://www.caac.gov.cn/XXGK/XXGK/MHGZ/201511/t20151102_8476.html.

[2] 中国民用航空局. 机场安全管理体系建设指南[EB/OL]. (2008-06-11)[2022-10-20]. http://www.caac.gov.cn/XXGK/XXGK/GFXWJ/201511/t20151102_8003.html.

[3] 中国民用航空局. 民用机场运行安全管理规定[EB/OL]. (2007-12-17)[2022-10-20]. http://www.caac.gov.cn/XXGK/XXGK/MHGZ/201511/t20151102_8441.html.

[4] 中国民用航空局. 运输机场安全管理体系(SMS)建设指南[EB/OL]. (2019-07-10)[2022-10-20]. http://www.caac.gov.cn/XXGK/XXGK/ZCFB/201911/t20191104_199328.html.

[5] 谭克涛. 长沙机场安全管理体系的构建研究[D]. 长沙：湖南大学，2006.

[6] 王莎莎. 运输机场安全管理体系效能提升研究[D]. 济南：山东建筑大学，2021.

[7] 祁妍. 哈尔滨机场 A-CDM 平台项目风险管理研究[D]. 哈尔滨：哈尔滨理工大学，2020.

第 4 章

飞行区安全建设要点

4.1 飞行区定义

随着全球范围内航空运输业高速持续地蓬勃发展，民用机场在数量、规模和密度等方面成长速度较为显著。机场作为航空运输基础设施、空中交通起降场所和临空经济发展的依托，在实现全球城市互联互通，推进综合交通体系建设和国民经济社会发展中的地位和作用愈发重要。

机场是民航生产运行的重要组成部分，是保障行业整体运行安全的重要阵地。随着我国民航运输能力的平稳快速增长，机场作为航空运输的重要基础设施以及客货集散中心，其服务需求的多样性和复杂性也随之增长，飞机的起降架次、密度不断创出新高。近年来，由于机场自身管理不足或缺陷等原因导致的事故和事故征候偶有发生，这类事故一旦发生极易造成人员伤亡和重大经济损失，以及严重的社会不良影响。企业的安全管理会显著地影响企业的安全绩效，是企业应对安全风险的核心能力。机场的安全管理水平能否与快速发展的民航业相适应，是保证机场安全运行的关键。

在国际民航组织制定的《国际民航公约附件 14：机场》中，并未直接对"飞行区"(Airfield Area)进行定义，而是介绍了机动区(Maneuvering Area)和活动区(Movement Area)的概念。其中，机动区是指除停机坪之外，用于航空器起飞、着陆和滑行的区域；活动区是指用于航空器起飞、着陆和滑行的区域，包括机动区和停机坪两部分。在航空运输科学研究领域，不同学者由于各自的研究需求和重点不同，对"飞行区"的划分和定义也存在略微差异。大多数研究将机场划分为飞行区、航站区、进出机场的地面交通系统三部分。其中，飞行区为航空器的主要活动区域，又称为"空侧"，包括跑道、滑行道和停机坪；航站区和进出机场的地面交通系统为旅客和车辆的主要活动区域，又称为"陆侧"。另外，"场面"一词也得到国内外诸多学者的广泛使用，主要包括滑行道和停机位两大资源。在行业管理方面，中国、美国、加拿大等国对"飞行区"的界定也存在明显差异。根据中华人民共和国民用航空行业标准《民用机场飞行区技术标准》(MH 5001—2013)，飞行区是指供航空器起飞、着陆、滑行和停靠使用的场地，包括跑道、升降带、跑道端安全区、滑行道、机坪以及机场周边对障碍物有限制要求的区域。根据美国联邦航空局(Federal Aviation Administration，FAA)规章 139.5 规定，机场活动区是指跑道、滑行道以及其他用于航空器滑行、起飞和着陆的区域，但不包括停机坪区域，该定义与国际民航组织给出的建议存在明显差异。加拿大交通运输部民用航空术语体系(Civil Aviation Terminology System，CATS)对于机场活动区定义则与国际民航组织一致，包括机动区和停机坪两部分。综合上述不同国家、地区对飞行区的官方或权威定义，可以发现跑道、滑行道和停机坪作为机场飞行区的三大关键资源已成为航空界的普遍共识。

综上，飞行区是指供飞机起飞、着陆、滑行和停放使用的场地，包括跑道、升降带、跑道端安全区、滑行道、机坪以及机场周边对障碍物有限制要求的区域[1]。飞行区包括：跑道系统、滑行道系统以及净空区域。有些情况也包括飞机停驻地区，即机坪。跑道系统包括：跑道结构道面、道肩、升降带、防吹坪、跑道端安全地区、净空道和停止道。飞行区由于其功能特性和系统的复杂程度，一直是民航不安全事件的多发区域，机场飞行区场面是一个非常混杂、功能多样且各组成部分间交互程度较高的局域系统，跑道、滑行道、机坪布局错综，系统中的航空器、人员、车辆、设施设备等行为具有复杂性、动态性、突发性和不确定性，各类活动主体均在场面运行过程中不断进行复杂且无规律的动态交互作用，导致整个飞行区的运行状态相当复杂且难以实现高效且有效的控制。目前，场面交通量正在持续飞速增长，而场面资源则相对有限且发展速度较为稳定，这两者间需求无法互相匹配的矛盾日益突出，使航空器、保障车辆在场面运行过程中的发生冲突时间的可能性和次数均有所增加，频繁出现航空器剐蹭、车辆剐蹭等不安全事件。飞行区场面混杂系统的剐蹭问题已成为保障机场地面滑行安全的重点问题。

为了减少并进一步解决这一安全隐患和问题，航空器在飞行区内的地面运行必须严格遵循预先制定好的相关条令及运行标准，航空器的各种证照必须保证齐全，航空器的燃油排泄物及排气物需符合有关规定，航空器的经营者在开辟新航线、增加航班等特殊情况时应及时通告机场，由于天气或其他原因导致无法为航空器提供安全起降时要发布公告关闭机场，确保各个相关方之间的信息及时且实时互通。机场工作人员、车辆、设备等在飞行区的作用是保障航空器正常运行，主要负责航空器保障作业过程和飞行区管理作业过程。航空器保障作业过程是直接参与航空器的滑行引导拖动、油料餐车供给、行李货物装卸、廊桥使用、航空器维修等工作，为了防止出现影响航空器在飞行区中正常运行的地面物理性损伤，飞行区工作人员还需对跑道、滑行道、停机坪、土质区及围界等区域进行日常的维护管理，也就是飞行区管理作业过程，主要负责机场飞行区场地维护、鸟击防范、机场净空和电磁环境保护、通信导航设施运行维护、助航灯光运行维护工作；监督管理飞行区运行秩序，开展控制区人员、车辆、设备准入管理、控制区证件办理工作；组织开展飞行区不停航施工安全管理和民航机场外来侵入物管理工作；承担本部门综合管理工作。在飞行区系统内，航空器的地面保障服务主要包含航空运输前后的各项地面保障与准备工作，其中引导入位、上轮挡(放置安全锥)、撤轮挡(撤离安全锥)、放行推出为航空器地面保障的四个必需环节。

近年来，民航机场外来侵入物事故时有发生，按照威胁程度分为高、中、低三类，包含金属零件、报纸、非金属零碎垃圾等。FOD 一直是影响通航机场正常安全运行的重要因素，这一问题每年都会造成难以计量的机场直接或间接损失，不仅影响跑道使用效率和安全性，也严重影响乘客出行体验。目前停机位仍采用静态分配，这样的分配方法和制度极大地影响了机场人员和物资中转效率，并可能产生安全隐患；场道巡检、维修仍需大量人力，并且出入道口安检效率低下；基础设施管养信息的准确性和可靠性不足，导致资金投入计划缺乏科学合理的决策依据，极易造成资源的不合理分配与浪费。此外，飞行区内噪声污染、大气污染、耗电量大等问题仍需进一步改善。传统的机场飞行区运行模式虽已作出相应改进，但仍不足以适应人们对机场飞行区运行的安全、效率、效益和环保日益增长的、多维度的个性化的新需求。机场飞行区面临的上述问题亟须智慧化的解决方案。机场外来异物是指影响航空器安全飞行的外来物质，分布在机场飞行区域，常常出现在跑道上。

机场中遭受外来异物威胁较大的区域包括航空器维修区、机坪、滑行道、跑道。除此之外，一些容易被忽视的但有可能存在外来异物的地方也属于 FOD 管理控制区域。除了安排相关设备探测 FOD，机场管理机构应该构建之后的处置程序和信息化系统，包括能够将外来异物的种类、来源、发现地点、处理方法记录在数据库中，还要有一套能够快速准确的通告机制，用来保证及时和机场相关运行部门和相关的航空公司取得联系，明确责任，加强学习，提高警惕。

飞行区的运行目标是在成本、能耗以及环境的约束下，通过规范标准、规章制度、程序流程、现场指挥、技术辅助、信息支持等手段，实现飞行区内人、车、飞机、货物的安全高效流动，保障飞行区场面运行、设施管养、地勤服务、应急救援和能源保障等业务的有序运行。未来飞行区的运行目标是实现飞行区运行的全时安全、零误高效、最优效益和绿色环保。

4.2 飞行区安全建设主要内容

4.2.1 安全风险防控

浦东机场 2021 年开展了有关风险管理的对标，关于风险管理：以前是自下而上，现在希望自上而下，实现整体提升。浦东机场聚焦机制、政策、规章进行重大突发公共卫生事件应急管理。浦东机场的安全风险防控由安全管理部牵头，开启“风险隐患管理提升”课题，与运行指挥中心作深入沟通，于 2022 年落地。

目前，浦东机场已经有完善的方法论和实验样板项目，基本流程如图 4-1 所示。首先，采用系统工作分析法识别出机场安全运行的危险源，按机场几大基本区域进行危险源识别：飞行区、航站楼、停车楼(场)及应急救援管理，每个区域分别按专业和业务细化；采用风险矩阵法进行风险评估，得出高运行风险库；结合近年机场不安全事件统计分析及监管局方行政检查单，得出机场关键风险指标；最后，得出未来机场行政检查监管趋势和方法。

此外，浦东机场还计划将风险矩阵和风险地图(空间的、基于风险清单的)用于前期的风险和隐患的趋势判断。

矩阵图是一种有效的分析配对因子问题并将之可视化的工具，为其风险和隐患的趋

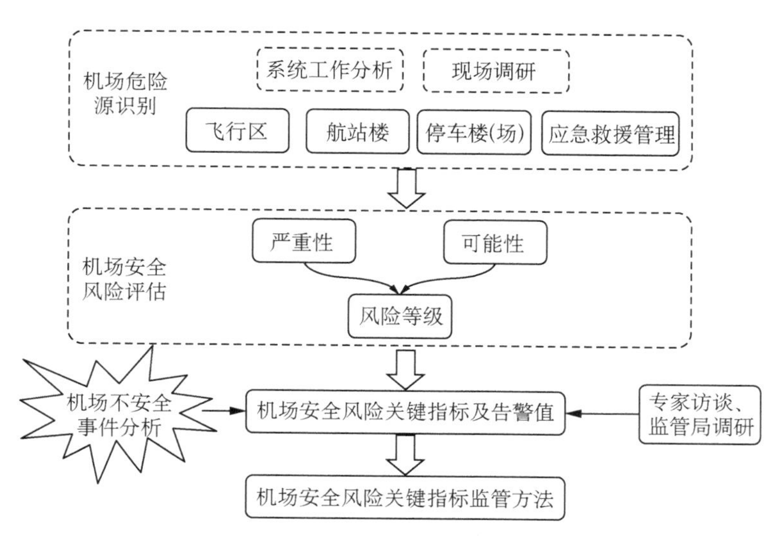

图 4-1　安全风险管理流程

势判断提供依据，为最终的决策提供参考。风险矩阵是从风险带来的后果和风险发生的可能性两个维度绘制矩阵图，是对风险进行展示和排序的工具。风险矩阵的形式包括列表和图谱，可以根据需要选用。在风险管理实务中，风险识别阶段一般用列表展示，如图 4-2 所示。

风险名称	风险源	风险原因	后果性质	后果大小	可能性	风险等级	……
风险1							
风险2							
风险3							
……							
风险n							

图 4-2　列表式风险矩阵

在风险分析评估阶段，一般采用图谱来表示各个风险的分布情况，如图 4-3 所示。

发生可能性等级	风险后果程度					
	1	2	3	4	5	6
E	Ⅳ	Ⅲ	Ⅱ	Ⅰ	Ⅰ	Ⅰ
D	Ⅳ	Ⅲ	Ⅲ	Ⅱ	Ⅰ	Ⅰ
C	Ⅴ	Ⅳ	Ⅲ	Ⅱ	Ⅱ	Ⅰ
B	Ⅴ	Ⅳ	Ⅲ	Ⅲ	Ⅱ	Ⅰ
A	Ⅴ	Ⅴ	Ⅳ	Ⅲ	Ⅱ	Ⅱ

图 4-3　风险矩阵图谱

风险矩阵图谱中风险发生定义如下。

Ⅰ:伤害事件发生的可能性极大,在任何情况下都会重复出现。

Ⅱ:经常发生伤害事件。

Ⅲ:有一定的伤害事件发生可能性,不属于小概率事件。

Ⅳ:有一定的伤害事件发生可能性,属于小概率事件。

Ⅴ:会发生少数伤害事件,但可能性极小。

Ⅵ:不会发生,但在极少数特定情况下可能发生。

风险矩阵图谱的查看方法是:越往右上走,风险越大,需要管理者密切关注,尽快行动;反之,越往左下,管理者越不必去关注。

对风险后果要分级定义,可以定性描述,也可以半定量和定量描述,风险后果分级描述见表4-1,一个典型的风险矩阵图如表4-2所示。

表4-1 风险后果定义举例

定性	文字描述	极低	低	中等	高	极高
半定量	评级或评分	1	2	3	4	5
定量描述	对年度经营目标的影响	影响年度经营目标1%以下	影响年度经营目标1%~<5%	影响年度经营目标5%~<12%	影响年度经营目标12%~<18%	影响年度经营目标18%及以上

表4-2 风险矩阵示意

发生可能性等级	风险后果程度					
	1	2	3	4	5	6
5	5	10	15	20	25	30
4	4	8	12	16	20	24
3	3	6	9	12	15	18
2	2	4	6	8	10	12
1	1	2	3	4	5	6

风险矩阵的要素包括风险矩阵的变量和风险矩阵的阶数。

1. 风险矩阵的变量

风险矩阵的变量有两个:后果及其发生的可能性。

2. 风险矩阵的阶数

风险矩阵一般为 $m \times n$ 型矩阵,m 为后果的等级数,n 为可能性的等级数。在图4-3中,$m=6$,$n=5$。

风险矩阵示意表中的 8 是后果等级 2× 可能性等级 4 计算得出，后果等级 4× 可能性等级 2 也是 8，矩阵图中的数字越大意味风险越高。

例如，用风险矩阵法对 A 公司“市场风险、技术风险、运营风险、财务风险、生产风险、战略风险、法律风险”七个风险进行评估，得到表 4-3 所示的结果。

表 4-3　风险评估示例

风险序号		风险名称	后果等级	可能性等级	风险等级
R1	1	市场风险	(5)关键	1	中
R2	2	技术风险	(5)关键	3	高
R3	3	运营风险	(4)严重	4	中
R4	4	财务风险	(3)一般	1	低
R5	5	生产风险	(3)一般	5	高
R6	6	战略风险	(4)严重	3	中
R7	7	法律风险	(3)严重	2	中

利用风险矩阵图还能有效检测风险的变化，例如 2018 年 A 公司某项目十大风险的分析结果见表 4-4，其对应的风险图谱见图 4-4。

表 4-4　风险分析结果示例

风险名称	后果(C)	可能性(L)	风险值($R=C\times L$)
A	3.7	1.2	4.44
B	1.2	1.5	1.80
C	0.4	2.3	0.92
D	2.8	2.6	7.28
E	4.3	3.3	14.19
F	3.3	3.5	11.55
G	2.5	4.2	10.50
H	1.5	3.5	5.25
J	2.7	0.5	1.35
K	1.5	0.6	0.90

综上所述，风险矩阵的计算方式浅显易懂，在风险评估阶段可以半定量和定量描述。并且工作人员可以通过 Excel 等工具得出结果数据和图表，便捷高效，对机场风险管理有着长远的意义。

在风险地图的绘制上，首先需要明确制作目的，并根据以下步骤形成浦东机场风险地图。

（1）潜在风险场地的辨识和分类。

（2）潜在风险设备的辨识和分类。

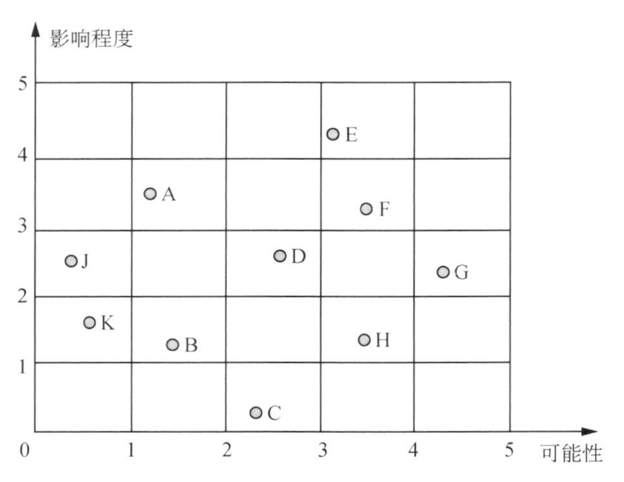

图 4-4 风险图谱示例

(3) 分析确定适合的风险监控模式。

(4) 结合 BIM 的 API 插件将风险点可视化,形成风险地图。

4.2.2 安全信息化建设

安全信息化建设由于机场业务量及服务质量的提升得以快速发展,并逐渐成为推动机场业务发展的一项重要内容。特别是现阶段机场业务的发展高度依赖网络与信息系统,浦东机场从机场网络与信息系统安全状况、特征入手,针对日常问题提出了切实可行的网络与信息安全管理体系,以期加强保障机场的正常生产和运营。因此,由浦东机场安全管理部牵头建立信息系统。

浦东机场的网络与信息系统主要面向于航班运行、旅客服务、安保管理及地面保障服务等关键领域,包含离岗、航班信息、旅客行李管理、机场网络以及安检信息管理等系统。由于机场的业务内容复杂,用户类型多元化,所需要的服务人员数量较多,这就导致该系统具备以下特征。

1. 网络与信息系统要求可靠性、安全性高

机场的网络与信息系统必须可靠且支持连续无故障地运行。机场的内部系统如果在运行时出现故障,将会导致旅客登机、机场调度、安检等工作无法顺利开展,机场将会出现瘫痪、航班停飞、旅客信息泄露等问题。因此,必须要保证在任何情况下,机场的信息系统都不能停止运转,一旦系统发生故障问题,必须在最短的时间内进行修复,减少系统故障造成的经济损失。机场也应该编制应急预案,增强机场应对突发事件的能力。

2. 信息系统众多且高度集成

机场航站楼是机场业务最为集中的区域，该区域内业务流程复杂。以航班信息为例，我国机场将航班计划分为长期、次日和当日三种，而每个航班计划会直接关联到机场运营资源的分配，如停机位、值机柜台、行李转盘等。同时还关系到公安、海关以及安检等部分单位，这些复杂的信息交流都需要信息系统的支持。因此，机场信息系统具有业务复杂和信息系统集成度高的特征。

3. 网络环境复杂

机场信息系统与日常营运管理如资源分配、离港、航班信息显示、货运等业务紧密相关，这些业务的提供者除机场管理方外，还包含海关、边防、各航空公司等单位，机场的规模越大，与之建立联系的组织就越多。为了满足机场的信息共享需求，各组织之间就需要利用网络来进行数据信息的传输，这就使网络环境更加复杂。

党的十八大以来，网络安全上升为国家战略，浦东机场作为上海航空枢纽和国家重要基础设施，网络安全保障工作显现尤为重要。随着国际形势逐渐严峻，机场面临的不法分子恶意攻击越来越多，传统的被动防御机制已经无法满足机场网络与信息安全管理的实际需求，将传统的被动防御机制转化成主动防御已经成为机场网络安全的必由之路，而网络与信息安全管理作为主动防御的核心更是重中之重。具体的机场安全信息风险类型包括数据融合共享泄露风险、人员安全意识薄弱、病毒攻击风险、系统程序漏洞等。

在进行机场网络和信息安全的管理时，通过梳理机场各个业务流程的安全需求，构架安全管理体系，进而实现对技术与人员的网络安全管理。在技术管理方面，通过明确技术界面，结合网络与信息系统在安全建设及运维方面的“同步规划、同步建设、同步运行”的原则，打造具备主动防御的网络与信息系统。在人员管理方面，机场可以制定统一的安全管理策略，在策略中明确管理目标、管理内容和具体的管理方法，并要求各部门管理人员将管理策略有效地落实下去，从而使整体安全性能达到最优。

根据安全保障目标模型，搭建网络与信息安全框架。该框架包括安全技术体系、安全管理体系、安全合规及监控体系，四个体系相互配合，其作用远大于网络与信息安全保障要素保障能力之和。在此框架中，以安全策略为指导，融汇了“一理念、四体系”的安全体系，达到系统可用性、可控性、抗攻击性、完整性、保密性的安全目标。为了实现安全目标，浦东机场要在现有安全信息化基础上，进一步将网络与信息安全框架与安全建设管理以及安全运维管理相结合，确保“同步规划、同步建设、同步使用”的安全措施贯彻落实[2]。

4. 安全技术体系

基础网络安全包括网络边界安全、终端安全和移动终端安全；平台安全包括云安全、物联网安全、工控安全和无线安全[3]。数据安全针对数据使用全生命周期进行安全保护，主要包括数据分级分类、数据防泄漏和数据库审计；应用安全包括运行环境安全和开发环境安全；安全运营主要是基于态势感知平台和服务实现威胁预测、威胁防护、持续检测、响应处置的闭环安全运营服务。

5. 安全管理体系

安全管理体系包括安全管理体系、安全管理机构、安全人员管理、安全楼宇管理、安全运维管理。通过建设安全管理体系，完善安全管理体系、安全管理组织和安全管理流程，从安全责任、标准、流程、标准等方面构建安全管理架构，实行管理制度、技术措施和安全管理相结合。安全管理体系是综合考虑机场人员、组织结构、技术、运行环境和设备安装等因素，通过风险管理系统、全面地控制机场，确保机场运行安全的体系。作为规则集的补充，安全管理体系在机场质量管理体系的范围内，根据国际公认的框架设计要素。

《安全管理条例》是根据国家有关法律、法规、规章和中国民用航空局标准、规范性文件等要求，结合浦东机场有限责任公司的实际情况制定的。秉承“安全第一、预防为主、综合治理、持续改进”的安全管理方针，《安全管理条例》对公司的安全责任、安全发展规划、安全培训管理、安全信息管理、安全风险管理和安全检查进行了详细阐述。安全评估、应急管理等内容，明确了公司各项安全管理工作的内容和基本要求。《安全管理条例》是浦东机场安全管理的纲领性文件。

在安全管理法规中，安全管理体系的结构包括四个方面：安全政策和目标、风险管理、安全保障和安全促进。安全政策是公司安全管理的基本理念和行为准则。各部门在进行安全管理工作时，必须遵守公司的安全政策。风险管理就是将风险控制在可接受的水平或以下，这是其核心内容，主要是通过系统、全面的分析，发现可能构成风险的潜在危险，并据此进行分析和评估，从而控制必要的风险。安全保障在执行各种任务时，通过监控、评估等监控过程，防止和纠正一些偏离实际结果或不符合规范的行为，并将绩效管理作为一个小节来监控、惩罚或奖励相关工作，并使用功能评估来提高安全级别。安全促进旨在充分调动各级员工的积极性，让大家认同安全工作，愿意提出安全建议，促进企业安全工作顺利进行，实现安全运营(图 4-5)。

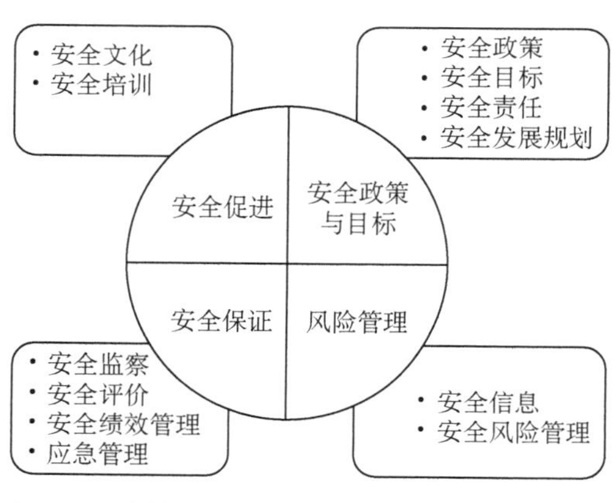

图 4-5 全管理体系要素示意

4.2.3 助航灯光系统

机场助航灯光系统主要包括进近灯子系统、滑行道灯子系统、跑道灯子系统等[4]。机场助航灯光系统位于飞机规划面和跑道的交会处。当飞机在机场航道 10 千米以内时，飞行员不能依靠目视看到航道入口，因此需要助航系统通过雷达寻找飞机的方向，系统模型如图 4-6 所示。助航照明系统依靠强大的运算能力稳定运行，飞行员可以依据系统进行航向判断、飞行姿态调整等。机场助航灯光系统最大程度上辅助飞行员执飞，保障飞行规划合理，跑道运行安全。

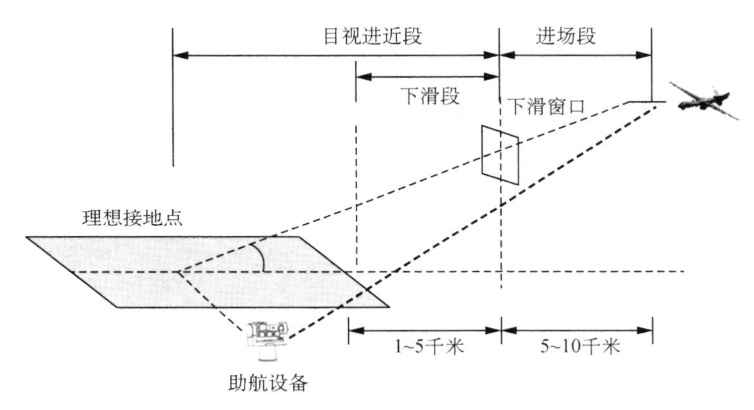

图 4-6　助航灯光系统模型

助航灯光系统主要包括雷达引导、电视/红外跟踪、航道指示器、数据融合及控制单元以及伺服设备。飞行员主要通过雷达引导获悉飞行角度和距离；根据电视/红外跟踪精准提取飞机眼位。雷达引导和电视/红外跟踪都通过数据融合及控制单元传递信息到航道指示器，再通过下滑道分色光束信息对进场飞机下达指令。雷达和航道指示器都安装在伺服设备上，跟踪装置具备红外成像和数字成像两种功能。数字成像可在日常天气条件下使用，而电视/红外跟踪模式可在夜间或恶劣天气条件下使用。伺服设备也通过数据融合及控制单元传递信息。助航灯光系统运行的基本流程如图 4-7 所示。

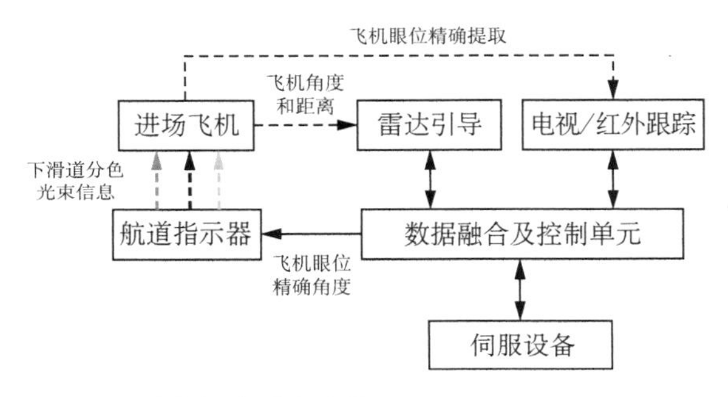

图 4-7　助航灯光系统流程

高级地面运动引导和控制系统(A-SMGCS)是一个为控制飞机和车辆提供路线、引导和监视的系统,它能保证机场地面活动在处于机场能见度运行等级(AVOL)内的任何天气条件下的运行效率,同时保持所需的安全水平。A-SMGCS是一个模块化系统,由不同的功能组成,以支持飞机和车辆在所有情况下在交通密度和机场布局的复杂性方面安全、有序和迅速地在机场移动,同时考虑到各种能见度条件下所需的容量,独立于控制器和飞机/车辆之间的视线连接。A-SMGCS不仅仅是一套系统,还包括补充程序。其在较低的实施级别旨在为管制员提供改进的态势感知;在更高级别的实施为飞行员和管制员提供安全网、冲突检测和解决、规划和指导信息,以及检测和指示潜在入侵者的位置。A-SMGCS也是综合塔台工作位置(ITWP)的关键促成因素,它结合了机场管制员的监视、管制员工具和安全网。

A-SMGCS包含四个基本功能:监视、控制、规划/路由、指导。2004年,国际民航组织根据复杂性和交通密度方法定义了四个级别的A-SMGCS实施。

A-SMGCS 1级(改进的监视)利用改进的监视和程序,覆盖地面车辆的机动区域和飞机的移动区域。这些程序涉及识别和发布航空调度员(Air Traffic Controller,ATC)的指令和许可。向控制器提供交通位置和身份信息,这是从传统的地面运动雷达(SMR)图像向前迈出的重要一步。

A-SMGCS 2级(监视+安全网)增加了保护跑道和指定区域以及相关程序的安全网。如果跑道上的所有车辆发生冲突以及飞机侵入指定的限制区域,则会为管制员生成适当的警报。

A-SMGCS 3级(冲突检测)涉及检测移动区域的所有冲突以及改进的指导和规划以供管制员使用。

A-SMGCS 4级(冲突解决、自动规划和指导)为飞行员和管制员提供所有冲突和自动规划和自动指导的解决方案。

欧洲航空安全组织(European Organization for the Safety of Air Navigation, EUROCONTROL)定义的四项A-SMGCS服务如下。

(1) 监视功能:与塔台的管制员在晴好天气下的可视范围监视比较,A-SMGCS系统可以提供任何天气条件下,任何机场中的移动航空器或车辆的位置及身份认证情况。该系统的态势感知不仅能被相关人员(管制员、飞行员、驾驶员)使用,同时也能用来激活A-SMGCS的其他功能,比如引导和控制功能。其中监视功能为A-SMGCS系统中的核心功能,也是实现其他功能的前提;它必须覆盖整个机场区域,主要由SMR等监视系统实现。

(2) 路径规划功能:为每一个移动的航空器或车辆指明一条路线。在人工模式下,该条路线被管制者所接受并将信息传送给相关的车辆与飞机;在自动模式下,该条路线则被直接传送给车辆与飞机。为了运行准确无误,路径规划功能必须考虑所有的数据以及相应参数，并且能实时地对发生的每一次变化进行反馈。

(3) 引导功能：给飞行员和车辆驾驶员清楚与准确的指示，以允许其按照路线行进。当视觉条件允许安全、有序与快速的运行时，引导功能将成为基于标准化的可视帮助。当运行周期因为低的能见度而延长了，其他的地面或空中装备将有必要完成可视帮助，以保持交通流的速度并支持引导功能。

(4) 控制功能：用来帮助管制员以保障机场场面车辆与飞机的运行安全。它必须能够组织场面上所有的交通工具，保持移动体和障碍物间必要的分离，检测各种类型的冲突并解决这些冲突。对中长期的警报信号，在计划中进行修正；对短期的警报信号则需要马上反应并解决。这些警报信号在半自动模式下由管制员传送，在自动模式下则可以直接传送到相关的移动车辆与飞机上。

2008 年，北京首都国际机场(Beijing Capital International Airport，以下简称“首都机场”)安装了国内第一套 A-SMGCS 系统，系统监视传感器包括场面监视雷达、多点定位系统、一/二次合装雷达。此后上海机场集团也引进了国外场面监视雷达设备以实现对场面活动目标的监视，但除首都机场外，其他各机场的监视手段目前主要是场面监视雷达，缺乏协作式的监视传感器，造成目标识别困难。

当前，两个特定功能的实现将在 A-SMGCS 中变得越来越重要。这两个功能即是路由和指导。根据许多约束和规则，路由提供了一种向机场地面控制建议从机场上的任何给定点到任何其他给定点的最佳路径的方法。导航系统(Guidance)提供系统和飞行员之间的接口，并为飞行员提供引导帮助，以使飞机在由“Routing”功能生成的路线上。这两个功能都是在欧盟“愿景”项目下，在远程信息处理应用程序框架内开发的。完整的 A-SMGCS 系统是完全模块化的，可以安装在多种配置中。事实上，每个功能都是一个独立的程序，通过计算机网络相互通信。

浦东机场的助航灯光系统在我国现有机场助航灯光系统中，标准最高，规模最大，种类齐全，功能完善。灯光设计的范围包括进近灯光系统、跑道灯光系统、滑行道灯光系统、站坪近机位的目视停靠系统、与Ⅲ类灯光运行有关的重要灯光负荷采用 UPS 电源的预留接口。同时，配备了灯光电缆安全保护管装置、停止排灯自动控制系统、电缆故障排查和维护系统，保障运行稳定和安全。目前，浦东机场计划继续实施对标改进项目，优化 A-SMGCS 系统。

4.2.4　鸟击事件防范

在飞机使用寿命期间，可能会遇到不同异物的撞击事件。在与飞鸟撞击的情况下，通常采用“鸟击”一词。击是一种潜在的严重破坏性事件，鸟群的环境和防鸟击的设计对鸟击的概率和危险性有显著影响。鸟击是飞机关键部件设计时必须考虑的一个潜在的、严重的破坏性事件，因为鸟击不仅会危及飞机的安全，而且会造成巨大的经济损失。自1912年以来，全世界已有240多人死于鸟击事故，鸟击事故已成为所有民航事故的第一大事故起因，高达59.74%。此外，鸟击事件对航空公司的经济成本也有巨大的影响[5]。国际民用航空组织（ICAO）将“鸟击事件”定性为“空难”。美国联邦航空局（FAA）、欧洲航空安全局（EASA）、中国民航局（CAAC）都在各自的适航条例中明确了鸟击的条款。例如，在中国《运输类飞机适航标准》（CCAR 25）中有五个关于鸟击的条款：§25.571（结构的损伤容差和疲劳评估）、§25.631（鸟撞损伤）、§25.775（挡风玻璃和窗户）、§25.1309（设备、系统和安装）、§25.1323（空速指示系）。

鸟击防范工作最主要的目标是尽最大可能降低鸟类与飞机碰撞的概率，掌握鸟类活动规律是鸟击防范工作的重中之重。利用鸟情探测设备对整个空域进行搜索，初步判断鸟类的威胁等级后，通过目标识别设备对鸟类进行跟踪及鸟类识别，实现机场危险鸟情的实时监测、预警，对危险鸟类及集群活动鸟类及时启动驱鸟设备进行防范，同时通过对鸟情大数据的统计分析，了解机场鸟类的主要觅食地、栖息地、飞行及迁徙路线等重要数据，掌握季节性鸟类活动规律，从而制定更为科学、有效且具有针对性的鸟防措施，对机场鸟类进行综合防控，对推进“平安机场”的建设有重要意义。

浦东机场位于长江口南岸，亚太候鸟迁徙路线边缘。资料显示，机场内及周边观察到的鸟类中，12.5%为国家一、二级鸟类，59.6%为中日候鸟协定保护候鸟，25%为中澳保护协定保护候鸟[6]。在迁徙季节，大量候鸟在机场区域经过。在非迁徙季节，主要鸟类是常驻鸟类、夏季和冬季候鸟。因此，在每年的季节变化周期中，鸟类的种类和数量都有变化。而且，从浦东机场建设到现在时间跨度大，当地的鸟类状况产生了很大的变化，辨识更加困难。2019年，浦东机场责任区发生鸟击一般事件35起，其中2起构成机场责任区的一般事故征候。在没有雷达之前，传统的机场鸟情观测主要依靠人工，观测次数有限且难以做到全天候数据不间断记录。因此，浦东机场在已有的多年鸟情观测基础上，建立了机场鸟情信息系统，实现对机场地区鸟情的查询、管理和分析，从而为机场鸟情管理、鸟击防范提供了科学的依据。因此，从事鸟类威慑的机场工作人员需要实时了解鸟类情况，采取相应的预防措施，确保浦东机场飞行区域的安全。

机场鸟情信息系统设计的原则包括实用性、科学性、易用性和可移植性四个方面。系统的功能满足浦东机场飞行区管理的安全要求。

实用性方面，浦东国际机场鸟类信息系统主要源于鸟类观测数据、历史数据和其他来源的数据。对于空间数据，即导入数字、符号、通用数据库数据等属性数据库，用图像识别技术和GIS软件数字化屏幕，分层存储各种元素。定性数据和空间数据与相同的ID值相关联。全系统信息包括鸟类学信息、鸟类时间分布信息和观测信息。

科学性方面，机场鸟情信息系统提出了一种采用物联网技术、图像识别技术、计算机技术和嵌入式技术的鸟情信息系统方案，当气枪、钛雷枪、挡鸟网、摄像头、语音驱鸟器等设备接入网络时，可实现鸟情、设备状态、鸟鸣等信息查询、传输相关控制命令等功能。

易用性方面，系统界面友好，兼顾鸟类学专业特点和非鸟类学专业的工作人员的使用感受。对鸟类学者而言，系统原型设计参考专业人员意见，系统架构合理，图像识别准确，数据储存完善，可以充分利用到分析研究中；场鸟情信息系统由识鸟系统和鸟情系统两个子系统组成；设置了鸟类模糊查询、分类查询、分科查询三种查询方式。对非鸟类专业用户而言，注释丰富，信息全面，链接更新及时，并附有帮助功能，用户可以在其中以有效的方式轻松理解和浏览系统界面。

可移植性方面，尽管系统的原型是针对浦东机场，但只需更换数据库，并作少量的修改，就可为其他的机场使用，同时系统也在不断更新升级。

系统的数据主要有鸟类学数据、时间分布信息和观鸟数据。

1. 鸟类学数据

包括中文名、英文名、拉丁名、行为、家庭、保护状况、生态特征、体长、一般颜色、头部颜色、外观、有无羽毛、地图上鸟的名称和照片，以及在浦东机场看到的鸟类栖息地（常驻鸟类、夏季和冬季候鸟）与在浦东机场的外观（稀有、随机、不寻常、正常）。

2. 鸟类时间分布信息

该信息是对机场观测的统计分析和处理数据，并非反映机场鸟类状况的具体观测数据。数据包括一年内机场不同区域的鸟类种类、丰度等级和频率。为了方便核查，还会按月出具鸟类每月状况监测，记录变化。

3. 观鸟数据

观鸟数据包括每日观察者、天气、注释、观察到的鸟类、每个观察点的数量等。由于数据量大，为了方便管理，浦东机场观鸟数据是从年索引到月索引，再从月索引到日和观测点索引，再到某一天该观测点的观测记录。

系统的逻辑结构由数据库、系统核心和系统接口组成。用户通过用户界面向内核下达指令，操作数据库，并将结果通过界面传达给用户。系统核心包括空间分析、建模和数据管理。用户可以在机场平面图上按分区搜索机场地图。他们直接点击请求的区域，系统将提供对象 ID 值和有关鸟类信息。

机场鸟类情况复杂多变，为使不同时间、不同地点鸟类的状况具有可比性，浦东机场计算出机场鸟类的风险，即规范机场鸟类的风险等级。风险等级标准化过程考虑了鸟类的大小、鸟类的原产地和鸟群的大小等因素。模型中除了不同鸟类随时间、地点和数量级别的变化，还设置了不同的频率值，例如“罕见”“偶尔出现”“经常出现”。通过人为调整鸟类出现的频率，使模型更接近浦东机场实际情况，修正计算误差。

浦东机场飞行区的鸟情观测点数量多，数据量庞大，为了方便数据的保存、查询、分析和处理，系统通过分级索引，实现对庞大的数据进行有序的管理。数据管理模块使数据库成为具有相对安全性的开放数据库，同时，系统设置了用户权限开启、关闭和检查功能。高级管理员可以修改用户权限，获得权限的用户可在系统运行中添加、修改、处理数据。

浦东国际机场鸟情信息系统由识鸟系统和鸟情系统两个子系统组成，如图 4-8 所示。鸟类识别子系统中，设置了鸟类模糊查询、分类查询、分科查询三种查询方式。在鸟情查询子系统中有鸟情查询和数据管理两大部分。在鸟情查询界面，可以区域、鸟名、时间三种方式进行。为了方便机场工作人员在查询鸟情时，随时参考鸟的相关资料，系统内置鸟类学按钮，可随时查询观察到的鸟类的鸟类学信息。在数据管理界面，具有操作权限的工作人员可在系统中添加、修改观测资料，建立观测资料的日索引、月索引、年索引，对数据进行分析、处理。数据更新对于机场鸟类监测尤为重要，可以准确反映机场鸟类状况。浦东机场鸟情系统根据传感器、红外等自动更新数据；通过人工标识手动修改频率数据。浦东机场所在地区气候适宜，鸟类资源相对较丰富。利用鸟情系统获取的数据，浦东机场会定期进行一些生态调研，研究飞行区及周边区域鸟类、虫类、草类的结构，有针对性地定期开展飞行区杀虫，全面喷洒除虫剂，确保飞行区道面安全。

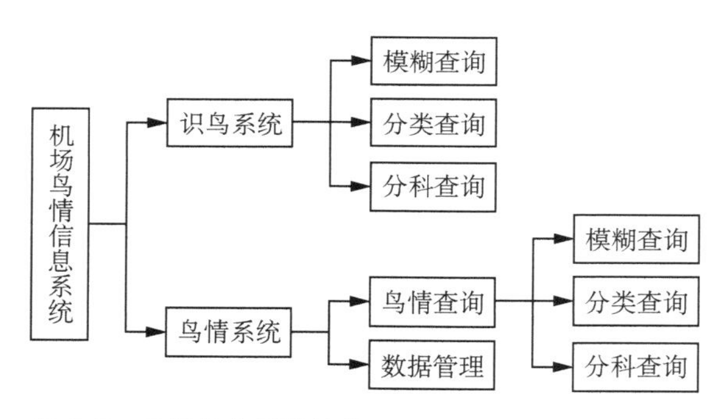

图 4-8　鸟情信息系统结构

目前，浦东机场计划以驱鸟设备为基础，进行飞行区鸟击防御系统现代化改造，安全、科学、有效地将鸟类驱离飞行区域。如图 4-9 所示，鸟情信息属于机场生态信息管理系统中的重要信息源之一。通过红外线、雷达、传感器等探鸟设备获取鸟情信息，再加上草情、虫情等生态环境信息，形成完整的浦东机场鸟情数据库。数据库通过接口连接用户控制系统终端，工作人员通过系统进行日常数据录入、修正等工作，调取可视化信息，进行分析。鸟情系统与鸟击防御系统联动，辅助工作人员判断，必要情况下对飞行器发出指令。当终端发出驱鸟指令，飞行区会利用超声波、定向声波等多种驱鸟设备作业；飞行区工作人员也会用假人、LD 弹、礼花炮等进行驱赶作业，利用爆炸的巨响驱赶鸟儿，并不会伤到它们。具体工作原则和说明如下。

1）联动作业

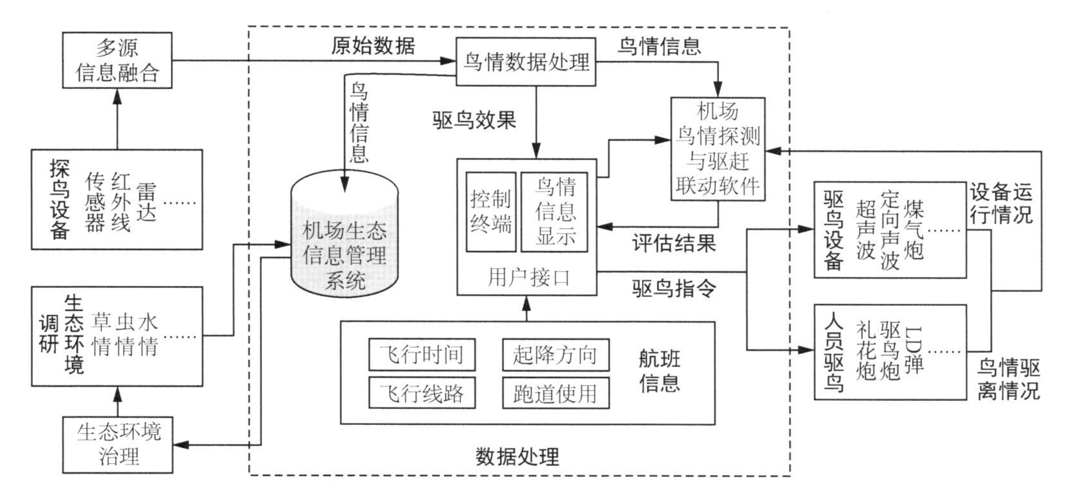

图 4-9　飞行区鸟击防御综合系统体系

在航班起降间隙启动邻近的驱鸟设备作业，当航班在跑道上的时候，关闭附近的驱鸟设备作业。

（1）结合鸟情探测设备判断跑滑间是否有鸟类活动、鸟类数量、大小，鸟类及航班起降的相对位置。

（2）实时获取当前航班信息（到离港时间、经纬高信息）；当航班间隙时，比如着陆前 2 分钟，启动驱鸟设备作业。

（3）联动数据处理中心根据鸟情和航班信息给出鸟击风险评估结果；通过系统制定驱鸟策略发出相应的驱鸟指令，驱动相关驱鸟设备实施驱鸟作业。根据驱赶结果进行驱鸟效果评估，根据评估结果制定后续的驱赶策略形成闭环。

（4）确定附近的驱散设备，选择合适的驱散设备，根据鸟类位置确定驱散路径（航班由北向南起飞或降落时，靠最南端位置尽量通过人工驱赶）。

（5）驱鸟效果分析与后续措施。

（6）结合跑道关闭，根据鸟出经常现位置做草情、虫情调研后采取针对性的生态治理措施。

2）驱避结合

针对飞入、飞出、停留在航行通道上的鸟类，显示鸟类的三维坐标，并标识鸟与飞行器相撞概率和危险等级（红色危险、橙色警示、绿色安全），给塔台和净空管理中心实时预警信息，主动避免鸟击发生。

（1）利用双目立体视觉技术，实现对飞鸟的检测与空间立体方位的计算，实时显示当前检测到的目标距离、高度、角度等信息。

(2) 实时 2D、3D 显示飞机与飞鸟运动轨迹。

(3) 根据飞鸟对飞机影响的危险程度划分报警等级，根据报警等级，再进行声光电报警。

(4) 确认目标位置及轨迹后，自动将鸟情数据实时通报给地面的驱鸟工作人员，通过电脑派单的方式，提示距鸟情最近的驱鸟员按照推送的驱赶方式，对鸟类目标进行拦截、驱赶。

3) 提供生态防治建议

(1) 提供历年的鸟情、草情、虫情统计数据，并提供当前阶段鸟情、草情、虫情预警，指导现场作业。

(2) 统计割草、喷洒杀虫剂、除草剂喷洒进度，根据设定的完成期限及跑道关闭计划，合理编制生态治理计划。

(3) 根据现场或部分区域出现的鸟情、草情、虫情特点，根据历年防治经验及系统算法，提出针对性的生态防治建议。

4) 软硬件设备

(1) 2020 年通过公开招标的方式，租赁中国民航科学技术研究院提供的探鸟雷达，设备到位后于 2021 年 8 月安装在五跑道区域，同时该雷达已于 2021 年 09 月 28 日通过中国电波传播研究所计量检测中心的电磁环境(频谱)测试，此设备已于 2022 年 1 月份开机，目前正在数据收集过程中。

(2) 鸟类视频监控：1 套设备正在五跑道区域试用，可随时视具体需求改变位置。

(3) 车载视频监控：6 台驱鸟车顶安装的全景高清摄像头，可作为移动鸟情观测设备。

(4) 定向声波：4 套，布设在三、四跑道南北两端，可远程控制。

(5) 全向声波：23 套，布设在一至四跑道土面区，可远程控制。

(6) 煤气炮：40 套，布设在一至四跑道土面区，可远程控制。

(7) 激光驱鸟设备：1 套，布设在四跑道南侧土面区，可远程控制。

(8) 虫情监测设备：8 套，覆盖一至四跑道土面区，可自动识别虫情并远程传输数据。

(9) 鸟情鸟击预警系统：1 套，可收集汇总鸟情探测及人工观测记录的各种数据；每月 4 次科室自行调研，每月 1 次联合科研单位现场调研的草情、虫情、水情数据。

4.2.5 机坪运行管理

机场飞行区场面是一个功能复合区域，包含跑道、滑行道等功能板块，机坪布局错综复杂，飞行区场面局域包括航空器、人员、车辆、设施设备等，在系统中不断进行动态交互作用，行为具有复杂性、动态性、突发性和不确定性，形成混杂的局域系统，可能出现航空器剐蹭、车辆剐蹭等不安全事件。目前，飞行区场面混杂系统的剐蹭问题已成为机场飞行区不容忽视的安全问题[7]。

1）机坪剐蹭故障树

2017—2019 年浦东机场共发生机坪碰擦 15 起，其中 2017 年 8 起，2018 年 5 起，2019 年 2 起。针对机坪剐蹭事故，浦东机场机坪剐蹭故障树如图 4-10 所示。

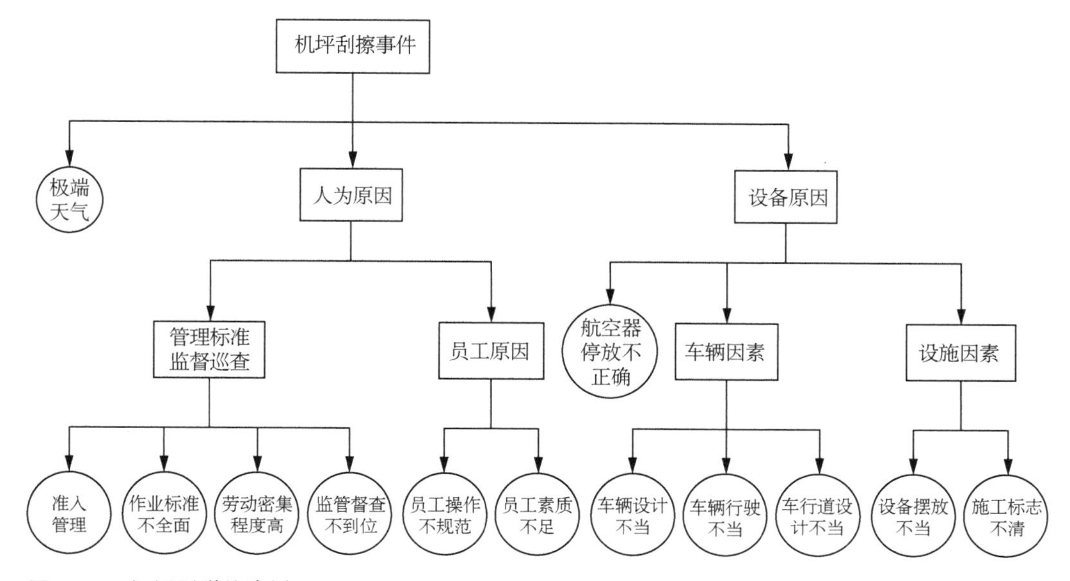

图 4-10　机坪剐蹭故障树

机坪剐蹭事件主要原因分为极端天气、人为原因和设备原因。其中人为原因主要是管理标准和监督巡查的疏漏（准入管理、作业标准不全面、劳动密集度高、监管督查不到位），以及员工个人工作失误（员工操作不规范、员工素质不足）导致；设备原因主要由于航空器停放不正确、车辆因素（车辆设计不当、车辆行驶不当、车行道设计不当）、设施因素（设备摆放不当、施工标志不清）导致。

2）机坪安全风险评估

国内外在机场安全评估方面已经开展了大量的研究，如机场的第三方风险评估与管理，结合模糊语言量表和故障风险评估的风险评估建模，对机场相关指标进行评分的评分方法，运用系统和预警理论对民航机场安全与灾害预警管理进行研究，机场风险评估采用灰色聚类方法结合层次分析法，基于人的可靠性的跑道入侵风险定量分析，基于可拓理论的机场安全预警模型等[8]。通过对一些重大事故和安全事件的分析，提取评价指标，然后采用综合评价法得到风险值。由于安全管理因素对风险的影响是间接的、模糊的，因此将安全管理因素直接归类为安全指标类或根据这些因素引起的事故类型将其归类为非管理类指标。这种方法被称为“通用机场安全风险评估”。同样的方法论也适用于机坪安全风险评估。

2020 年开始，浦东机场进行了设施设备的改装，引入了防碰擦的设施设备。参考中国民航局已施行的民用机场安全评估指标体系，依据《通用机场管理规定》(征求意见稿)、《运输机场机坪运行管理规则》等相关的法律法规和规范性文件，从硬件、软件、人和环境四个方面考虑，建立评价指标，完善风险管控流程。如图 4-11 所示，浦东机场建立了通用机场机坪安全风险评估指标体系。

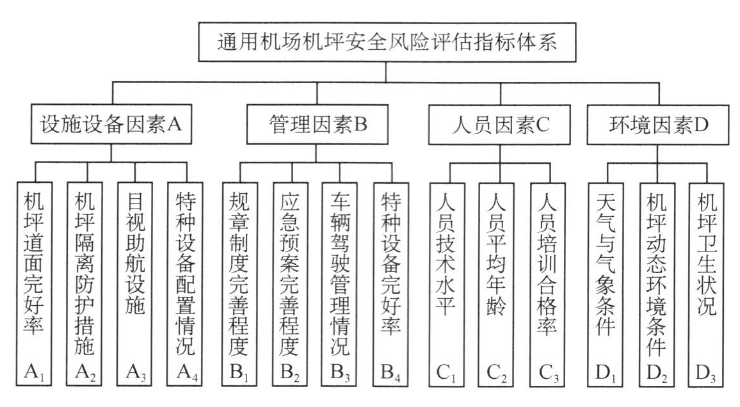

图 4-11　机坪安全风险评估指标体系

浦东机场采用专家咨询法和模糊统计法。对专家咨询法和模糊统计法而言，评价指标的准确性和可测量性尤为重要。通过对我国民用机场安全事件的统计和分析，参考其他研究建立的指标体系，参考专家意见，结合中国民航局安全审计数据，建立了由设施设备因素 A、管理因素 B、人员因素 C、环境因素 D 四个等级评价指标和十四个二级指标组成的机坪安全评估指标体系[9]。由于通用航空机坪设施设备配备受机场用途、飞行区等级、使用时间和频率等因素影响较大，故选取机坪道面完好率 A1、机坪隔离防护措施 A2、目视助航设施 A3 及特种设备配置情况 A4 作为评价指标。机场机坪运行安全管理以运输机场为主，应急应变能力不均衡，所以规章制度完善程度 B1、应急预案完善程度 B2、车辆驾驶管理情况 B3、特种设备完好率 B4 应当作为评价指标。工作人员技术水平和培训水平同样与机坪安全密切相关，因此选择人员技术水平 C1、人员平均年龄 C2 和人员培训合格率 C3 作为评价指标。环境对机坪安全的影响主要由天气与气象条件 D1、机坪动态环境条件 D2、机坪卫生状况 D3 作为指标衡量。

由于管理因素影响的差异性和与其他指标的相关性，由管理模型输出的修正因子代表了这些因素的作用。综合运用专家调查法和层次分析法确定模型中各评价指标的权重。首先，通过要素之间的两两比较，构建描述要素之间相对重要性的判断矩阵；采用 1 到 9 的比率刻度来衡量相对重要性的差异。根据图 4-11 中不同指标与不同类别指标之间的关系构造判断矩阵。展开查询表，得到各层各要素的值，再通过单准则和一致性检验进行分层排序，最后得到机场安全风险评价第二层指标相对于评价目标的权重集。

3）机坪安全风险评估

参照国际民用航空组织在全球推广的安全管理体系的建议，机坪安全管理可以分为十二个要素，它们共同作用，产生安全管理对安全风险的作用（表 4-5）。

表 4-5　机坪安全管理要素

安全管理	元素
安全政策和目标	安全政策
	安全目标
	组织机构和责任
	文件管理
	应急响应
风险管理	危害识别
	安全风险评估和控制
安全保障	安全信息管理
	安全事故调查
	安全监督和审计
安全推广	培训和教育
	安全沟通

具体来说，机坪安全管理分为安全政策和目标、风险管理、安全保障和安全推广四个一级元素。安全政策和目标包括安全政策、安全目标、组织机构和责任、文件管理以及应急响应。风险管理包括危害识别、安全风险评估和控制。安全保障包括安全信息管理、安全事故调查以及安全监督和审计。安全推广包括培训和教育、安全沟通。上述要素分离突出了安全管理各要素对机坪安全的影响，有效利用了评价指标和安全管理的信息。

4.2.6　跑道 FOD 防控

FOD 一词通常用于描述任何小物件、颗粒或碎片不属于机场的路面表面的物质。机场范围内外来物的种类繁多、来源复杂，FOD 主要指机坪、滑行道和跑道上出现的异物，包括松散的零件、路面碎片、餐饮用品、建筑材料、行李件、冰雹、结冰、飞鸟、灰尘或灰烬岩石、沙子甚至野生动物。FOD 存在于航站楼大门、货运停机坪、滑行道、跑道和助跑台等。按照对航空器运行安全的危害大小，FOD 可分为高危外来物、中危外来物和低危外来物；按照来源可分为外部 FOD 和内部 FOD。

如图 4-12 所示，外来物管理工作应包括 FOD 的防范、FOD 的巡查和发现、FOD 的

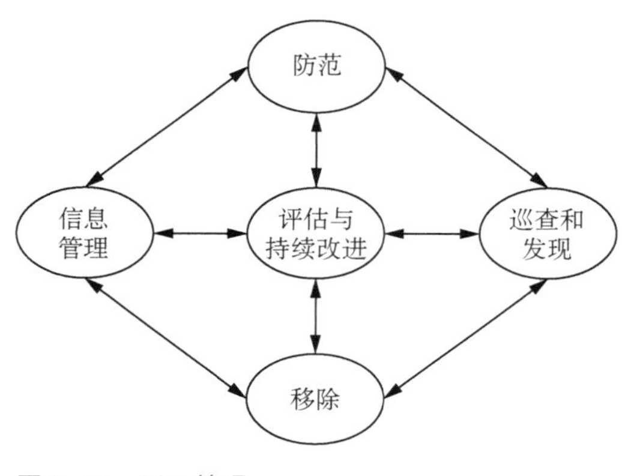

图 4-12 FOD 管理

移除、FOD 的信息管理和 FOD 的评估与持续改进五个方面。2021 年，上海机场集团启动机场外来物管理课题研究项目招标，旨在进一步加强外来物管理。机场跑道 FOD 是威胁民航安全运营的主要隐患之一，“全天候、整跑道、高准度”的跑道 FOD 监测系统是航空安全的保障。

根据我国《机场外来物管理规定》FOD 探测技术规定，“机场管理机构宜采用固定探测设备、移动探测设备或两种方式的组合，提高机场管理工作水平”。目前主流的 FOD 自动探测技术主要有雷达监测、光学视频监测与雷达光电混合型监测方法，结合车载型移动设备可以较好地实现监测跑道、机坪等主要区域的 FOD。

1. 产生源头

经过浦东机场统计，跑道高危的 FOD 占到总量的 77%，而且大部分属于金属物。对跑道 FOD 进行分析，它产生的源头主要是四个方面。

(1) 跑道设备设施所产生的 FOD。如跑道上道面灯光、标志线、嵌缝料等产生 FOD。

(2) 在运行当中产生的 FOD。这个主要是航空器在运行过程中产生的 FOD，比如起降阶段和滑行阶段的爆胎、航空器零部件如螺丝、气门心等。同时，工作人员进行巡检或者航空器拖曳时，进入跑道的车辆也有可能会掉落 FOD。

(3) 维护施工产生的 FOD。比如施工阶段遗忘的设施或者是个人物品，以及一些工具等。

(4) 其他方面产生的 FOD。比如说鸟击导致的鸟尸掉在跑道上(不一定所有的鸟击机组都可以发现)，还有草坪的养护，草没有及时清掉，风或者航空器的尾流也可能把它吹上跑道。

2. 防范工作

浦东机场长期以来重视 FOD 防范，具体工作包括以下四个方面。

1) 培训

在 FOD 防控措施上，首先就是要进行 FOD 的培训和宣传。浦东机场要求所有飞行区作业人员充分意识到 FOD 对航空安全的重大危害，不断提高所有飞行区作业人员的 FOD 防范意识。一方面是对飞行区的工作人员、施工人员进行培训，同时对外部单位、驻场航空公司进行培训，制定 FOD 防范手册、不停航施工管理规定。培训部门还针对不停航施工管理拍摄了视频，用于平时的培训。此外，FOD 防范知识已经被纳入禁区通行证考核题库。另一方面，向各飞行区内各单位发放宣传手册，在员工经常出入的地方张贴 FOD 防控的宣传海报，每个季度组织召开成员单位飞行区 FOD 防控工作会议，定期组织驻场各单位员工、志愿者开展 FOD 防控志愿者活动。

2）预防性养护

一是道面维修。为了做好道面维修工作，防止因道面损坏产生的石子在跑道上形成 FOD，我们基本上每个月对跑道进行一次徒步检查。同时，道面上的嵌缝料可能失效形成 FOD，所以要在还没有损坏的时候，做好嵌缝料的养护工作。此外，需要进行及时的道面除胶。二是助航灯具。浦东机场每天对助航灯具进行检查，定期对灯具螺丝进行紧固。三是航空货运。浦东机场协助航空货运单位建立货物运输、装卸过程中的 FOD 防范程序。四是每个月对跑道清扫进行一次全面清扫，同时对具体的 FOD 进行分析。浦东机场由管理机构统一负责机坪日常保洁和卫生监督工作，由机场管理机构和航空运输企业、其他驻场单位依据协议分工，确定机坪日常保洁及卫生监督责任。五是施工管理方面的 FOD 管控。首先是加强维护阶段人员保障，规范施工人员工具必须有一个清单，员工带着清单与工具进入跑道进行维护，然后在撤离跑道时，根据清单对工具进行清点，保障每个工具都能够带回，确保工具不会遗留在现场。其次，对现场施工设备、车辆进行管控，设备和车辆进入跑道之前，进行严格检查，包括车辆完好性，车身、轮胎上没有夹带石子。六是航空器作业保障和维修方面的 FOD 管理。浦东机场要求接机人员至少在航空器入位前 5 分钟，对机位适用性进行检查，检查内容应当包括机位的清洁情况。各类保障车辆撤离后、航空器滑出或推出前，送机人员对机位进行一次 FOD 检查。航空器作业保障车辆、设备应定期进行检修，确保车辆处于适用状态，防止车辆设备在运行过程中遗洒或零部件脱落形成外来物。航空器维修保障单位在机坪上进行航空器维修作业的，应在机场管理机构指定的位置和范围内进行。维修非保障作业需要、故障或已报废的车辆和设备及时清除出机坪。

3）对施工阶段进行闭环管理

浦东机场和塔台达成协议，在跑道实施关闭以后，浦东机场对跑道拥有管辖权，这时机场工作人员设立防止进入标志，让施工区成为一个独立的区域，同时施工单位在施工结束之前对整个施工区的位置再次进行检查，确保施工区域不遗留 FOD，最后飞行区巡检人员还会对整个施工区进行再次的巡检。

4）FOD 应急处置

跑道的 FOD 防控是一方面，应急处置也是一方面，从现场的经验来看，FOD 的应急处置相比防控来说难度更大，要求更高，对机场运行的影响也很大。跑道 FOD 的处置主要分这样几步：发现 FOD，现在没有太多设备，主要是通过机组报告、人工巡检或者是塔台与机组通话了解到情况而发现的，此时塔台暂停跑道运行，机场巡检人员进入跑道巡查，根据道面上外来物的情况通知各个部门来处置，最后进行跑道的适航（图 4-13）。

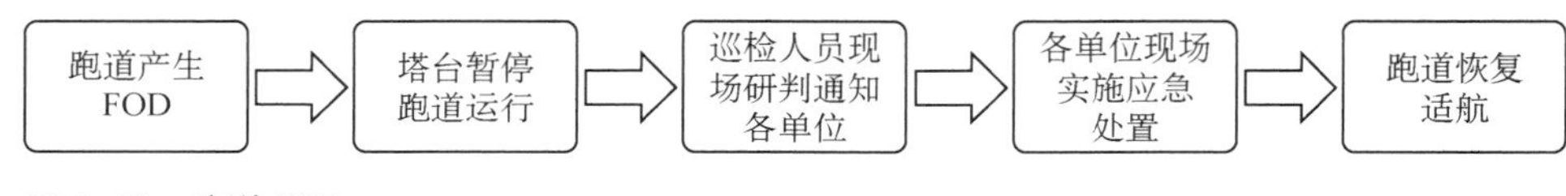

图 4-13 跑道 FOD

浦东机场方面明确了塔台与机场的职责，以及发生道面污染时如何处置，同时编制了航空器突发故障后的应急预案，通过这样的体系能够快速高效地处置航空器的突发情况。还有一项重要内容是针对跑道突然产生破损进行的应急处置。一旦跑道破损后，机场如何在最短时间内进行跑道的适航是目前要开展的重要工作。浦东机场建立了应急救援仓库，在跑道两头放置了道面应急抢修的工具，能够确保在最短的时间里恢复道面适航。

3. 面临问题

浦东机场当前的 FOD 防控依然面临着一些困难。

一是浦东机场面临着航班量高速增长的趋势。航班量的高速增长使跑道更加繁忙，通过发现再去决断、处置的话，时间方面受到了制约。如果探测设备能够实时发现，在发生初期就可以编写一些方案，处置的速度会更快。

二是 FOD 偶发性更高。随着航班的增长，一些偶然性经常发生，而且这个发生不可控。

三是无法进行全天候的 FOD 防控。尤其是夜间，很难确保道面没有外来物。

四是随着跑道的运行时间越来越长，道面破损问题越来越严重。

五是缺乏一定的技术手段来进行 FOD 的发现。

因此，浦东机场飞行区管理部与探测设备厂商以试点的形式，在浦东机场二、四跑道之间的区域选取 2 个点位进行塔架式 FOD 探测系统建设，通过探测系统对跑道进行 24 小时实时监控，主要检测设备的可靠性和及时性。同时，浦东机场正在开展 FOD 防控管理信息化的工作，针对道面的信息化管理开发了现场道面管理系统，现场运行情况良好。下一步浦东机场计划把 FOD 防控也纳入道面管理系统，为 FOD 防控工作提供一些指导性的建议，同时准备开发一个用于 FOD 防控管理的手机 App 终端，开展 FOD 防控的实时管理和人员设备的及时调配与相关信息的实时发布。

4.2.7 飞行区建设安全管理

浦东机场飞行区管理部坚定“空防安全、管线安全、施工安全、运行安全”四大安全目标。运行安全是不停航条件下施工的根本出发点，也是不停航条件下施工必须妥善解决的核心问题。保障空防安全和防止管线受到干扰和破坏是不停航条件下施工的基本原则，在保障空防安全和管线安全的前提下，实现工程施工安全是机场工程施工的基本落脚点。空防、管线、施工和运行安全这四大目标相辅相成，任何一个目标出现问题，就会对其他目标造成影响。

飞行区建设安全管理的难点在于工程建设规模大，投资大，单位多，专业多，动态监控难度大，以浦东机场三期扩建工程为例，其项目分解图如图 4-14 所示。浦东机场三期扩建工程包含多个单项工程，每个单项工程又有若干单位工程，因此对于其安全管理不能简单地按照一般单位工程的内部管理，要作为一个有机整体进行考虑。

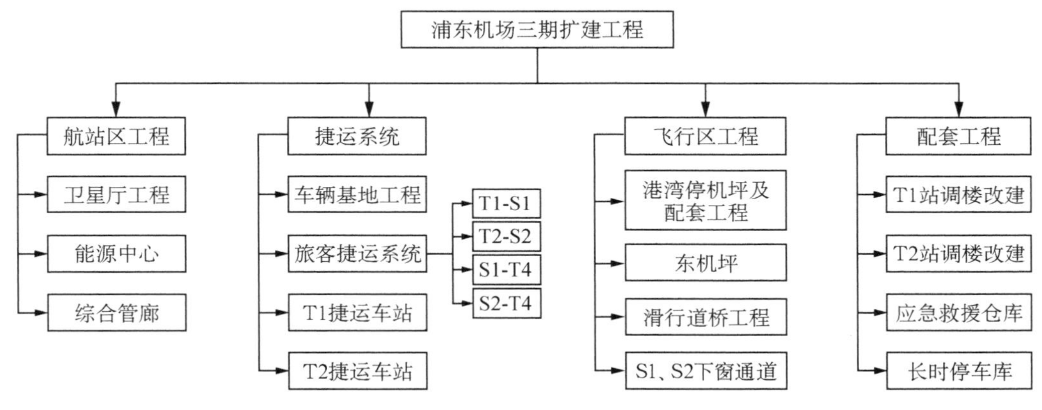

图 4-14　项目分解

由于浦东机场三期扩建工程具有专业多、体量大的特点，在指挥部的领导下，针对扩建工程建设中不同专业工程项目，制定了现场安全管理指挥组织体系，如图 4-15 所示。

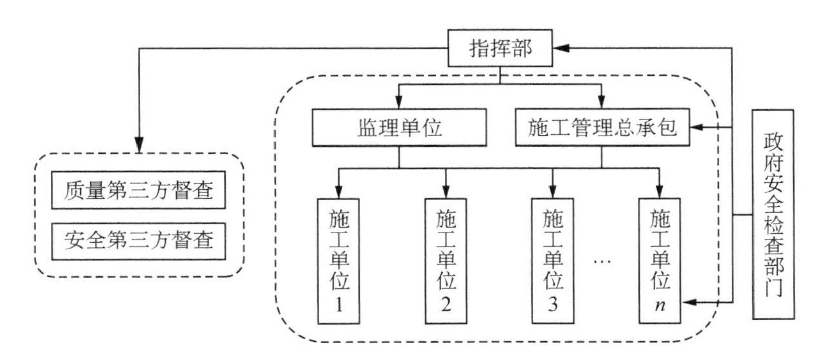

图 4-15　安全管理指挥组织体系

纵向和横向结构上，指挥部统筹监理单位和施工总承包，同时接受政府安全检查部门的监管，并委托第三方专业单位进行安全检查。第三方督察单位定期对每个项目进行检查，对过程中出现的安全隐患等进行汇总，并开具整改单，同时报指挥部进行备案并销项，考核的结果定期进行汇总，并对各参建单位进行排名。第三方安全检查模式是让相关利益各方通过一定的技术标准和专业化管理形成良好的生产秩序，为参建单位提供组织保障体系、规章制度体系和措施保障体系[10]。

1. 管理要点

当前的大型枢纽机场飞行区建设安全管理给管理和运行带来更高的要求，不能再停留在传统的工程项目管理水平上，而是要建立科学有效的体系、采取有效的措施，在施工安全管控上加强与完善。结合浦东机场三期扩建工程建设安全管控模式实例，具体的飞行区建设安全管理要点参考如下。

1）空防安全管理

在边运行边施工的机场，空防安全是安全管理的重中之重。第一，机场飞行区是非常重要的场所，闲杂人等是不能进入的，对飞行区进行封闭管理离不开围界。围界可以将飞行区和公共活动区进行隔离，避免车辆、人员以及具有危险性的动物进入飞行区中。第二，飞行区与外界连接的通道是机场道口，机场每增加一个道口，可能会为不法分子进入机场提供机会。鉴于此种情况，在设计道口的时候，应该根据机场的实际情况，在不影响机场正常运行的基础上减少道口数量。另外，在跑道两端围界的位置还应该设置应急出口，此出口应该向外开启，而且要确保消防车可以在此出口中正常行驶。应急出口只有在紧急情况下才能开启，在平时要将其关闭。

2）不停航施工安全管理

针对不停航施工，机场集团建立相应的管理制度，如针对不停航施工，需进行专项方案报审，在不停航施工过程中建立专门的管理制度，如人员办证制度、车辆办证制度、危险品管理制度、进出控制区工具器材管理制度、施工现场安保制度、运行保障指挥室制度等。浦东机场飞行区管理部不停航施工管理流程的监控主要体现在施工前方案等准备工作、施工过程中规章制度等。运用风险管理，对产生空防安全、消防安全、设施设备系统安全、禁区施工安全等进行分析，并对可能产生的影响采取相应的应对策略。对禁区内施工影响及应对策略如表 4-6 所示。

表 4-6 禁区内施工安全分析

影响事件	产生原因	应对策略
围挡封闭不完善	未按方案施工；未验收；未建立管理制度	编制专项方案；相关部门验收；专人管理
人员材料工具管理	制度漏洞；不按规定通过	完善制度；强化交底；建立台账
违禁品管理	私自携带；未建立处罚机制	集中管理，培训教育；完善管理机制

3）管线安全管理

机场管线较为复杂，在新建过程中需进行详细策划，综合考虑今后运行使用及后期可能的改建影响；同时，在施工过程中要策划好，是否对现有管线产生影响，尤其是基坑工程，可能会对原有的一些机场管线（如航油管线、电力管线）产生影响，对开挖部分要求先人工挖好样沟后再允许大规模施工，并在施工过程中加强管线监测，通过信息化施工确保管线安全。

4）消防安全管理

在施工过程中需加强管理，如进入装修阶段，特别要注重防火管理，在外部结构完成后，联合消防管理部门加强对现场消防管理；此外，大量临时设施的不规范用电行为同样易导致火灾。

5）交通安全管理

施工过程中，涉及人员、车辆、材料进出场多，对于交通运行也产生无形的压力。在外部交通方面，涉及道路多次翻交的安全管理，应向交通管理部门申请，做好标识等工作后方能翻交施工；在内部交通方面，施工单位需做好场地策划，合理安排路线，确保交通安全。

6）防台防汛安全管理

上海属于亚热带季风性气候，雨量充沛，八九月份是台风多发季节。若工程工期较长，跨越多个年度，汛期的安全管理也是机场安全管理的重点之一，需编制详细的防台防汛应急预案。

7）施工安全管理

对于庞大的工程立体、交叉、平行施工，施工安全风险较高，多塔吊立体交叉施工、大型钢结构的吊装、高空作业等施工安全是工程建设安全管理的重点；现场已实施完成的产品保护也是现场安全管理的重点之一。

8）环境管理

机场工程为超大型工程，建设过程中存在着多方面的环境问题，如在机场建设及机场高速工程施工过程中，会产生占用土地、征地拆迁、植被破坏、取土和弃土、水土流失、粉尘污染等问题，航班营运将产生噪声和水污染。因此，绿色机场的建设非常重要。

9）其他安全管理

工程参建人员众多，施工人员食品安全不容忽视，施工现场的环境卫生安全、治安（防恐）安全也是安全控制的重点。

2. 管理效能评估体系

在飞行区建设安全管理中，浦东机场还引入安全管理效能管理。管理效能是指管理部门在实现目标过程中所获得管理效率、效果、效益的综合反映，通过对外界不确定性的分析，结合复杂系统，建立“输入—过程—产出”结构。评估体系框架包括以下内容。

1）管理效能

安全包括空防安全、安全实体、安全行为。空防安全包括空防制度、证件管理、安全文明、检查整改；安全实体包括作业安全、安全设施、临时用电、机械与机具、高处作业、动火作业、起重吊装、大临设施、文明施工、危险品管理、开挖与基坑、脚手架体系；安全行为包括依法合规、组织机构与职责、安全资金投入、危险源管控、作业人员机械管理、交底教育、检查整改、应急救援、事故报告调查处理。

2）各参建单位

由各参建单位空防安全、安全实体及安全行为组成。

安全控制评估体系主要是对建筑工程参建各方安全管理效能的评估提供指标体系基础，其中参建各方主要指的是建设单位、监理单位、设计单位、勘察单位及施工单位。评估指标体系的建立主要参考了《建筑施工安全检查标准》(JGJ 59—2011)和国家法律法规、地方标准与上海浦东国际机场不停航管理规定等。安全控制评估指标体系全面地、分层次地突出地显示出机场工程建设的安全管理内容，为了解和指导施工现场安全管理工作提供了科学依据。评估体系关注机场项目管理过程中至关重要的五方责任主体，构成一个效能评估，必须有评估者和被评估者，其中评估者被称为评估主体，被评估者则为评估客体。不同单位评估工作的评估主体及客体不同。

(1) 五方责任主体的评估是指机场项目第三方对参建各方项目管理的评估，同时也是对机场项目管理的总体评估。评估主体是第三方管理机构，客体是参建各方的项目管理。

(2) 监理单位对施工单位的评估，是在机场项目施工过程中监理单位对施工总承包及分包单位项目管理的评估，评估主体是监理单位，客体是施工总承包及各专业分包单位。

(3) 各参建单位的自我评估，评估主体为参建各单位，评估客体为参建各单位。

(4) 本体系用于建设单位对四方责任主体的履约行为的评估，评估主体为建设单位，由建设单位对现场参建各方项目管理机构进行评估，评估客体为四方责任主体。

3）评价机制

根据上述五方责任主体的评价主客体，提出差别化的评价机制。

(1) 勘察单位的评价流程。勘察单位的现场项目负责人每月对现场质量管理行为进行自我评价，企业对该月自评进行复核评价，由建设单位进行季度评价，第三方进行半年度评价，最终得到勘察单位半年度项目总评价。

(2) 设计单位的评价流程。设计单位的现场项目负责人每月对现场质量管理行为进行自我评价，企业对该月自评进行复核评价，由建设单位进行季度评价，第三方进行半年度评价，最终得到设计单位半年度项目总评价。

（3）建设单位的评价流程。建设单位的现场项目负责人每月对现场质量管理行为进行自我评价，企业对该月自评进行复核评价，第三方进行半年度评价，最终得到建设单位半年度项目总评价。

（4）施工单位的评价流程。施工单位的现场项目负责人每月对现场质量管理行为进行自我评价，企业对该月自评进行复核评价，监理单位对施工单位月度评价，由建设单位进行季度评价，第三方进行半年度评价，最终得到施工单位半年度项目总评价。

（5）监理单位的评价流程。监理单位的现场项目负责人每月对现场质量管理行为进行自我评价，企业对该月自评进行复核评价，由建设单位进行季度评价，第三方进行半年度评价，最终得到监理单位半年度项目总评价。

（6）项目总评价流程。综合勘察单位、施工单位、设计单位、建设单位和监理单位的总评价得到本半年度项目总评。

4.3 飞行区安全建设方法

在民用航空领域，安全强调过程管理，以危险源为核心，聚焦风险管理的具体过程，将其发生的可能性、事件发生后可能造成的影响与后果降低并维持在一个可承受的范围，或是予以消除，避免造成生命安全、资产设备的损失。安全是一种能够被表现出来的，能够被人所感受到的状态与情况。虽然，民航安全管理的根本目标是杜绝事故、事故征候的发生，但实际中，完全杜绝相关危险和风险往往很难实现，因为在人、设施设备和软件系统方面存在不确定性，所以无法确保零操作失误、零后果。所以，安全需要侧重管理过程中的动态性，需要实施一个动态管理的过程，而核心的目标就是必须借助必要的措施和手段，控制住具有较高安全风险系数的危险源，将系数降到可接受范围以内，持续动态地识别、控制、协调好生产运行与安全管理之间的相互关系，安全绩效也可结合自身发展标准和文化导向，创造出在可接受范围内的成果。

安全管理体系是一种管理安全的系统方法，包括所需的组织结构、职责、政策和程序。具体内容包括识别安全危害隐患；确保为了达到可接受安全水平的必要补救措施能够得到实施；规定对所达到的安全水平进行持续监控和定期评估；以整体的安全水平的持续改善为目标；还应在整个组织中清晰地确定安全责任，包括高级管理层的直接安全责任。

安全管理体系的目标是强化对事故的防范和事后改正行动、提高对安全概念的主客观性认识、提升对风险的分析与评估能力、持续保持或加强安全有效性、推动安全基础类设施设备的标准化和统一化建设、持续监控事故征候，以及借助审计途径，及时整改所有不符合标准的问题，共同分享审计成果等。国际民航组织倡导的安全管理体系，由四个部分构成总体框架，分别是安全政策和目标、安全风险管理、安全保证、安全促进，具体涵盖十二个要素，包括安全责任义务、任命关键的安全人员、管理者的承诺和责任、协调应急预案的制定、安全管理体系文件、危险识别、安全风险评定和缓解、安全绩效的监测与测量、变更管理、持续改进安全管理体系、培训和教育、安全信息交流。

(1) 确定安全政策与目标是安全管理体系构建的基础，具体概述了组织机构明确的中长远期的安全目标，以及开展各项安全管理工作的原则、过程和方法。政策确立高级管理者将安全纳入其活动的所有方面并不断提高安全的承诺。高级管理者明确将要实现的各项可测量和能实现的组织机构的安全目标。

(2) 安全风险管理聚焦在事前。在风险管理过程中，各方能够识别出各类安全事故的隐患，从而制定和执行相对应的有效措施，进一步降低风险，以此保证各项工作扎实落地。

(3) 安全保证包括服务提供者为确定安全管理体系的运作是否符合期望和要求而开展的各项过程和活动。服务提供者对其内部流程和操作环境进行持续监测，以便发现有可能带来紧急安全风险或使现有风险控制放松的变化或偏差。随后，可与安全风险管理过程一道处理这种变化或偏差。

(4) 安全促进是营造安全管理体系良好建设环境的过程。其中最为重要的就是安全文化。安全文化与安全管理体系是相互影响，相互促进。通过有效途径开展必要的安全宣传，形成共同的、健正向积极的文化氛围，形成公正、友善的交流模式。同时，员工应结合岗位需求，接受必要的理论与安全技能培训，持续提升各方的安全管理能力[11]。

在事故起因中，组织机构因素和管理因素之间相互补充，相互作用。瑞士奶酪模型阐明航空系统建立了各种防范，以防止在系统所有层面，出现人的表现或决策的波动。尽管有这些防范行动来避免安全风险，但渗透过所有防范壁垒的破坏因素，仍可能造成灾难性的情况(图 4-16)。

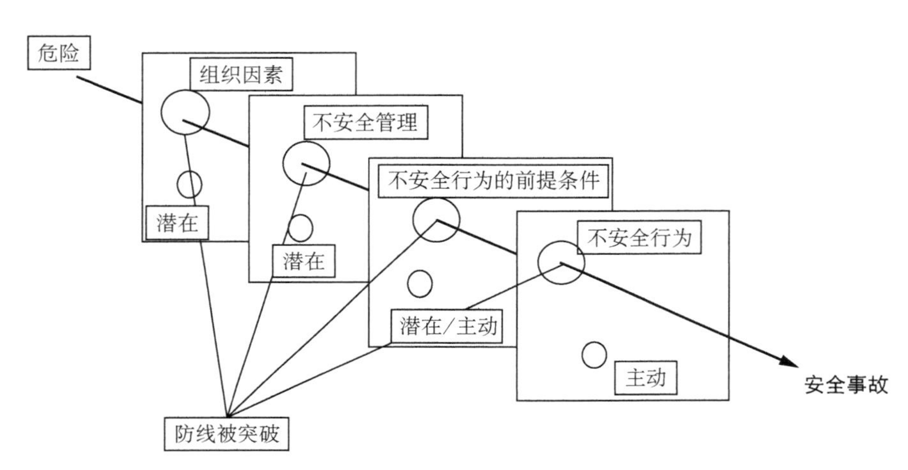

图 4-16 瑞士奶酪模型

航空系统包括产品、服务提供者及国家组织机构。它是一个复杂的系统，需要评估人对安全的贡献，理解人的表现是如何可能被多种相互关联的组成因素所影响的。软件(S)—硬件(H)—环境(E)—人件(L)模型(SHELL)，是研究人件—硬件、人件—软件、人件—人件、人件—环境等不同界面相互影响和发生作用后，产生的现象和结果的理论工具。人件是模型的中心，是运行一线的人员。虽然人具有很强的适应性，但是人的表现会变化很大。人的表现无法具有像硬件同样程度的标准化，所以代表人件的方框边界不是简单的直线。人在与其工作环境中的各个组成部分相互作用时，不会完美匹配。人件与其他四个组成部分的不匹配，就会促成人的差错。因此，必须在航空系统的所有部门评估和考虑这些互动(图 4-17)。

图 4-17　SHELL 模型

安全风险管理是动态、持续的，必须确保将安全风险通过有效的措施降低到可容忍的水平。首都机场对发现和报告的安全风险始终坚持绝不放过的原则，建立了安全风险库，实现将所有的安全风险先行分级，随后实施入库、出库，以及库存风险整改情况跟进的动态管理。同时，在风险库内体现出每一项风险的识别、分析、定级，制定整改措施、明确责任人、按时保质完成整改等环节时间节点和结果，确保安全风险控制有效落地。

民航业安全管理是一门综合性很强的学科，内涵极其丰富，研究时会发现其涉及管理学、系统学和统计学等多门学科。随着时代的不断发展，民航安全管理也逐步实现自身的不断发展进步，尤其是经历过机械时期和人为因素时期后，已经跨入了组织管理新时期。组织管理时期的特点是：要突出运用构建科学合理的安全管理体系，使用先进的管理办法，进行有效的识别分析，帮助组织切实解决安全问题。在此过程中加强部门之间的沟通、合作、交流，通过不断的协作，重点突出风险管理的核心所在，并且保证各项安全管理目标的达成，除此之外还应该对风险识别进行进一步的控制，将风险识别的关口前置从而完成预先控制。

4.3.1　制度保障

根据民航局《加强民航法治建设的若干意见》文件中的相关精神，要加快完善民航法治体系，全面推进民航治理法制化，并将 2020 年的法治建设阶段目标定为“以《民航法》为核心，覆盖行业各领域和各环节，科学规范、层次分明、配套衔接的民航法规体系”。根据该项原则，2017 年 11 月 4 日，第十二届全国人民代表大会常务委员会审议并通过了《关于修改〈中华人民共和国会计法〉等十一部法律的决定》，随后对《中华人民共和国民用航空法》进行了第四次修订。2018 年 12 月 29 日第十三届全国人民代表大会常务委员会第七次会议审议并通过了《关于修改〈中华人民共和国劳动法〉等七部法律的决定》(第二次修正)，随后对《中华人民共和国民用航空法》进行了第五次修订。这一系列的措施表明了政府构建法治行业、法治政府、法治企业的决心。但我国的民航相关的法律法规的制定权集中于中国民用航空局甚至更为上级的全国人民代表大会，地区管理局和一线监管局不具备制定法律的权力，需要民航局进行顶层设计，这是具体落实和实施的难点。

在实际的操作中，浦东机场各部门以安全发展的出发点，推动民航法律法规的新增或修订工作，并且注重立法工作质量和水平的提升，不断完善和更新规章和制度，在做好调研、完善可研、推进试点工作的基础之上，注重参考和吸收西方发达国家的实践经验的同时，从实际工作出发，吸收基层检察人员的意见和建议，并建立完善的立法评估制度。民航监管人员及从业人员应注重自身素质提升和能力建设，强化法治意识，树立依法行政、依法监督的工作理念和思维，注意维护自身形象，坚持做到按章操作、按规处罚，避免在工作中出现同一类事件处罚尺度、标准不一的情况。被监管单位和企业需依法经营、依法运行，注意正确处理安全生产之间的关系，树立"安全是正常生产保障的必要前提"这一理念。不断提升培训能力建设，确保相关规章制度的落实。政府监管机构要注重监管人员的培训，注重标准化、系统化监管人员的培养，转变"靠经验监管"的认识，树立规范执法的正确形象。辖区企业要注重规章制度的完善和落实，确保员工严格按标准流程操作，严格执行企业内部检查流程和程序，避免人为原因和设备原因造成的不安全因素和事件的发生[12]。

影响飞行区安全建设的因素是多方面的，从外部因素来看，恶劣的天气环境等会影响安全事故的发生；从内部因素来看，民航公司自身的决策机制、管理体制、航空人员的技术水平等同样也会影响安全事故的发生。因此，对所有影响机场安全运行的各种影响因素进行系统化管理，通过制定与之相关的决策机制、管理体制降低机场安全风险的管理流程，从而进一步实现提升机场安全管理水平的目标是有意义的。

机场作为公共安全要求较高的场所，对其进行专业严格的安全管理，制定安全管理制度，构建安全管理制度文化是十分必要的。机场安全事故主要与人、机、环境以及管理四个因素密切相关，其中管理制度的建设与完善，是约束人的安全行为的关键，而人作为机场安全管理工作开展的核心，加强机场安全管理制度文化建设，促进对机场安检人员的文化教育和专业培训，不仅体现了机场安全管理的人性化特点，同时将机场安全管理制度与精神文化建设相结合，有助于全面提升机场安全管理的效果，规范机场安检人员的工作行为。强化机场安全管理制度文化建设，从组织管理制度和安全文化宣传活动以及技术上的保障措施入手，丰富机场安全管理建设工作开展的思路，全面提升机场安检人员的文化素养，有助于机场的安全文化建设。

浦东机场安全管理文化建设主要是围绕着意识、管理制度以及素养等具体的内容而开展的指导活动，通过制度、文化的双重效应，进一步增强机场安全管理效果。良好的物质文化是机场安全文化建设的重要载体，是安全文化在实物上的表现形式。所以，机场安全管理的物质文化内容主要包括安全管理设备以及系统。尤其是涉及飞行安全方面的内容，包括跑道保障设施、鸟击防范等。机场安全管理制度文化建设的主题是安全，利用科学技术手段和安全管理制度的配合，以动态和静态的双重安全管理实践的融合，突出机场安全管理的社会责任重要性，同时有助于保障国家安全。高效地利用安全文化引导机场安全管理工作的开展，使安全文化思想观念深入员工内心，营造良好的机场安全管理文化环境，不仅可以提高机场安检人员的安全管理思想意识，同时可以全面提高机场安全管理工作开展的效果。

机场安全管理文化建设是强化安检工作的重要动力所在，安全文化承载着机场安全检查管理工作的思想引导工作，在积极确立机场安全管理的价值观基础上，通过机场安全管理制度文化建设，营造更加安全可靠的机场环境，以实现机场的安全管理目标为依托，全面推进机场安全管理的主题精神文化渗透作用，符合安检工作开展的需要，同时将机场安全管理模式导入更加安全的工作开展环境中。不仅能够保证机场安全管理和机场安全设施保障的效果，同时能够促进机场安检人员安全意识和价值观发展。以安全文化确保机场安检员严格约束自己的行为，并培养安检人员良好的安全检查习惯，使安全工作责任落实到位。从提高安检工作的规范化工作中心入手，全面提升机场安全管理效果，营造机场安全文化环境，打造人性化的机场安检服务，为广大人民群众提供更加安全优质的服务环境。

浦东机场以加强机场安全管理制度文化建设为切入点，以安检工作的规范化为文化建设的中心内容，促使机场安检工作可以突出以人为本的理念，发挥安检设备、制度和文化的协同作用，促进机场工作人员、安全制度、安全文化之间的协调互助，从而提高机场安全管理服务的效果，以达到增强我国机场服务市场竞争力的目的，维护好我国机场服务的国际形象[13]。

浦东机场坚持完善企业的制度建设应把握企业改革发展趋势，提高制度的科学性和系统性；结合企业的管理实践，提高制度建设的有效性；从“硬约束”和“软约束”两方面着手，提高制度的执行力。加强飞行区安全建设的体系制度建设保障进一步完善监管体制。紧跟并认真贯彻落实党中央、国务院领导对民航安全工作的重要指示精神，落实“四个责任”，进一步推进安全生产领域“三基”建设，建立落实安全法律法规、标准规范的管理制度，建立安全规章制度、操作规程的内部审核和评估制度，及时修订各级安全规章制度、操作规程，使其符合现行法律法规、规章制度的规定，制定 SMS 手册、SeMS 手册、机场使用手册、机坪运行管理手册等安全工作手册，并符合相关要求，从而有效保障飞行区的安全可靠运行，完成了预定的安全目标和责任书考核指标，确保了机场整体安全运行形势稳定可控。

浦东机场编制定期法定自查计划，组织了自查人员资质培训，按计划推进法定年度自查任务，完成法定自查系统上线工作，对自查情况及发现问题通过系统进行情况反馈及整改。同时，为进一步指导公司各级安全管理人员认识和开展安全工作，推进安全文化建设，完成制作并下发了相关海报、宣传册以及视频宣传等作品，并通过公司安全教育培训系统进行培训和考核，持续增强全员安全生产意识，营造良好的安全文化氛围。强化安全文化建设考核方式和员工激励机制，在相应的安全工作考核指标中，设定和员工挂钩的定性或定量指标，强化员工的归属感和认同感，转变员工潜意识中把安全文化建设作为一种负担和压力及对于文化建设持排斥的态度。在员工激励机制方面，丰富绩效考核标准，充分调动员工主观能动性。

全面推进安全生产责任落实工作，坚持"党政同责、一岗双责、齐抓共管"的工作要求，落实主体责任，坚守安全底线，扎实做好安全生产工作。一是建立了《上海国际机场股份有限公司党政领导干部安全生产责任制实施办法》，各单位均建立了相应的实施办法。二是公司与各部门、单位签订《安全责任书》，通过安全生产责任制落实体系，将安全生产责任层层分解到科室、岗位。三是按照《公司年度安全工作考核评分细则》，有序开展具体考核。

模块化的管理模式在于快速重构，有利于将系统打造成闭环控制，如图 4-18 所示。在管理的过程中可以有效将各个环节的工作者紧密联系，确保在实施环节能得到有效反馈；根据实际运行的需求提出设想，使管理者从中筛选出符合当前布局的有效建议，重新梳理出更完善的流程，将安全运行管理效率最大化。

帮助大型机场实现机场安全运行的高质量管理，确保每一次行动都行之有效，确保每一个指令都能实施到位，确保每一个问题都能得到解决。通过重新设计流程，在机场安全管理将安全管理的不同功能的执行部门相互置换组合，完善各部门模块之间对接的标准，实现文化制度、动态管理和人员队伍相互依存（图 4-19）。

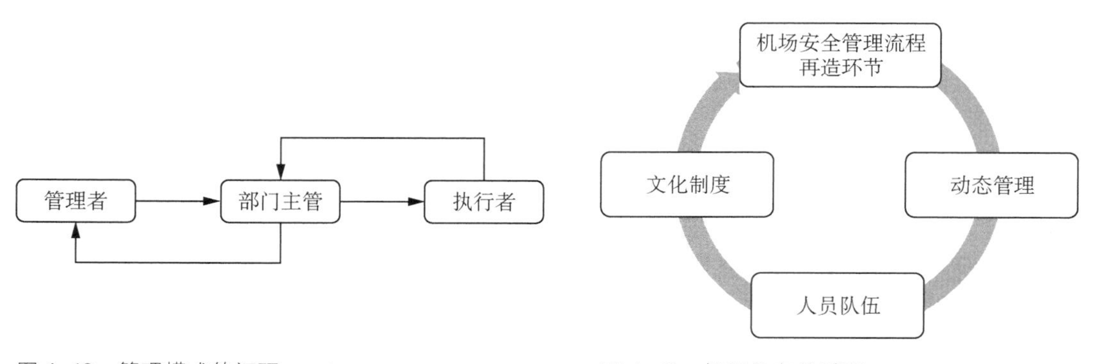

图 4-18 管理模式的闭环

图 4-19 相互依存关系图

安全责任拼图突出边界概念，重点围绕横向到边的问题寻求解决办法，遵循"不能多、不能少、不能错"的划分原则，把彼此间的安全责任分清楚。例如，在机场航空器地面保障作业过程中，整个业务流程需要航空公司和机场共同参与，此时，对于双方接触界面上的责任划分和业务交接，可充分利用安全责任拼图的方法和思路。其中，航空公司、机场作为主体开展日常经营活动，应承担相应的主体责任，并按照责任划分，积极配备具备相关专业知识技能的员工，以及充足、适用的设施设备等安全投入资源，同时，要有相关的监督检查机制和制度，开展单位内部的自查，围绕安全风险隐患组织定期的识别排查、整改控制，优化自身安全生产环境。机场公司承担机场的日常运行管理职责，承担对驻场单位的监督职责，应结合各级法律法规及规章规定，形成机场范围内通用的总体原则、管理规程，辅助提供合规、适用的设施设备，提供安全、顺畅的环境氛围，同时依照规章制度、执行操作的情况，进行监督检查、沟通协调，共同提升安全管理水平。

安全责任网格化梳理落实是将工作、职责按照不同维度细化分解，确保每一个责任区都落实到人，明确管什么，谁来管，如何管。安全网格化强调精细管理，重点解决的是纵向到底的问题，推行安全网格化的主要目的是推动逐层逐级落实安全责任，将安全责任细化分解到岗位以及此岗位的从业人员，建立全覆盖、可追溯的安全生产责任体系，确保安全责任落实到“最后一公分”。安全网格化的实施分为“分田到户”“大扫除”和“精耕细作”三个阶段。“分田到户”过程是为了实现责任到人，在此阶段涉及安全职责的，可依据物理概念，如范围、归属等；也可依据制度文件，如职责、业务类别等；亦可依据公司既定的组织架构；或者综合使用上述方式。“大扫除”和“精耕细作”两个阶段可同时开展，主要围绕工作标准、风险隐患、流程设计等方面实现精细化管理，确保责任落实到位。将安全网格化的主要成果融入员工的岗位手册，将岗位相关的岗位职责、业务内容、规范依据、硬件配备、风险隐患等内容固化到岗位手册中，具体指导员工日常开展岗位工作，落实岗位责任。每个岗位手册都包括岗位说明书、岗位相关制度清单、岗位设施设备的使用、岗位工作流程、岗位风险清单、岗位突发及特殊情况处置、本岗位个性化知识点（含岗位职业病危害因素及劳动防护用品）、岗位相关台账记录清单。

4.3.2　设施管理

民航安全基础工作是一项集技术性、系统性、风险性于一体的工作，同样也是一份实打实、硬碰硬的工作，不允许有丝毫的懈怠和马虎。安全基础工作通常复杂而琐碎，这往往要求我们在工作中细致认真、埋头苦干，但要不断提升安全基础工作，光靠敬业的态度和认真的精神远远不够，更需要加大相关软硬件的投入，要加强民航基础设备设施的投入，强化基础保障能力。正所谓“磨刀不误砍柴工”，民航是一项集劳动密集型和风险密集型的行业，只有不断完善基础设备设施，确保在航班量、旅客吞吐量高速增长的情况下依然具备足够的保障基础能力和资源，才能有效避免“超载”和“超负荷”运转的情况出现，确保民航安全。

设备是对生产或生活上所需要的各种器械用品的总称，对于每家企业来说，设备是进行生产活动的重要物质要素。任何企业的生产、服务提供等都与设备使用密不可分，只有规范、正确地对企业的设备进行管理，才能保证生产出有形或无形产品的质量，最终提高企业整体效益。企业中的设备分类多种多样，按照与生产的关系分为：生产设备、辅助生产设备、非生产设备等；按照技术形态划分为：机械设备、电气设备、液压设备、仪器仪表等；广义上的设备还包括建筑物、管道、道路等各种设施。机场设备种类多、单价高、技术复杂，有集合机、电、液于一体的特点[14]。

设备管理指的是以相关管理理论和设备综合管理理论的先进思想为基础，该理论运用系统论、控制论和信息论基本原理，对生产经营所需在内的全部设备的“生命周期”进行管理来保证最大程度保持设备可用性，针对企业生产运行中的痛点，构建一套适用于本企业设备管理模式的体系，以达到更高的可靠性、更高的运作效率、更高的安全性和更高的投资回报率的管理行为。通过对设备进行全生命周期监控，理论结合技术建立设备管理信息系统，使设备和人员达到管理上的平衡，在追求更高经济效益的同时，将设备管理纳入企业管理体系中。

系统是许多要素保持有机的秩序，为实现同一目的而行动。企业的组织结构日益复杂，系统论将企业剥离成多个个体要素，重新塑造企业组织结构，企业管理者们运用系统论的原理，分析企业管理过程中形成的各种活动，执行科学的企业战略，企业运行效率提升效果显著。

管理系统是以企业管理研究对象的一种组织管理手段，是体现企业管理职能，包括决策、计划、组织、领导、控制的一套集合逻辑运算与数据分析的科学技术。管理系统不仅是一项管理方法或管理技术，在系统理论的基础上，强调管理系统是一个整体概念，同时融合了管理理论和管理哲学的基础原理，结合现代计算机技术，演变成企业发展创新的新模式，开辟了新的道路。所以管理系统的开发，必须站系统的高度、纵观全局，才能达到最优效果。系统整体管理原则紧密围绕系统论提出的五大原则，要把系统当作完善企业设备管理体系的一部分去建立。

设备全过程管理是综合设备管理理论和过程管理理论相结合所提出的先进的设备管理方法。设备全过程管理是将设备生命周期拆解，设备整个生命周期每一个环节上的管理都是需要分析研究的，追求的最终目标是设备生命周期费用达到最佳化，通过设备管理全面规划，合理分配资源，实现设备运行状态良好常态化，设备效能得到最大程度的发挥，保证企业生产平稳，取得良好的设备投资效益(图 4-20)。

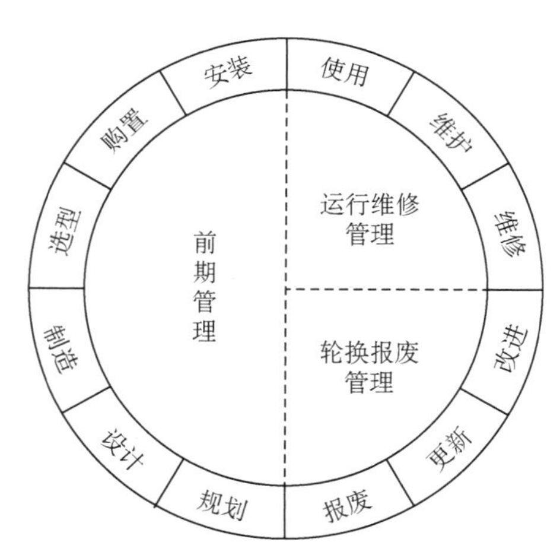

图 4-20 设备全生命周期分解

设备全过程管理核心目标是：投资收益最大化与设备全过程管理控制。设备全过程管理可以使企业投资收益最大化，凭借计算机信息系统，实现设备资产管理、运维管理，分解设备生命周期全过程，节省设备各个环节成本费用，最大限度降低企业投资成本。同时信息系统将企业设备资源和人力资源联系起来，将人力物力进行资源重新配置，编制最合理分配方案，发挥系统管理最大效能。将设备全过程分解后，针对各个环节进行管理建模，模拟设备全过程管理的核心内容，对管理流程进行深入分析，设计流程图，将传统管理模式积累下的大量经验补充到信息管理模式中去。系统严格执行设备全过程管理标准，新的信息系统最终实现功能要与设备全过程管理本原理相符，设备管理价值在企业管理价值中体现出来，这才是对设备全过程管理进行严格控制的目的[15]。

精益管理思想的核心可概括为消除浪费、创造价值，即以精益的理念为指导，消除一切无效的劳动和浪费，以更低的代价创造更高的价值产出为目标的管理模式。其包含的五大原则为：寻找价值、认识价值流、让作业流动、按需生产、完美。

(1) 寻找价值：站在客户需求者的角度寻找价值所在，而非站在公司的角度或者部门的角度确定价值，这样才会保证方向正确。

(2) 认识价值流：确定公司生产的产品从设计到采购到生产到最终销售等每个环节的具体步骤，找出不增加价值的浪费。

(3) 让作业流动：确定有价值的步骤后，要让这些作业流动起来，没有中断、回流、等待和废品等浪费。

(4) 按需生产：根据客户的需求进行及时进行拉动产。

(5) 完美：通过持续不断地消除浪费，达到完美境界。

设备的精益管理是指运用精益管理的思想和工具，以客户需求为出发点，持续改进和优化设备的状态，消除设备管理过程中的一切浪费，确保公司能以最高效率、低成本、高价值的产品应对市场需求。设备精益管理的主要目标是持续改善检维修质量、降低设备运行能耗。

精益管理关注的是消除浪费、创造价值，将其与关注设备效率的“全面规范化生产维护”(Total Normalized Production Maintenance，TnPM)理论相结合，该理论是通过制定标准、执行标准，不断改善来推进全员生产维护(Total Production Maintenance，TPM)，主要方式有两种：一是将精益管理与 TnPM 的不同模块进行有机融合，形成一个新管理体系。二是将精益管理“消除一切浪费”的理念融入 TnPM 实践，形成“精益设备管理”。精益 TnPM 是比精益管理更大的平台，TnPM 是人机系统管理体系，其中包含设备全寿命周期管理，现场管理的基础四要素、三圈闭环体系、六项改善、五阶六维评价体系等丰富内容。精益 TnPM 可将精益管理的具嵌入 TnPM 的推进之中，也可以将 TnPM 的工具嵌入精益管理的推进之中。对于机场这样设备密集、技术密集、资金密集型企业，主导的管理体系应以 TnPM 为主，将精益管理工具融入其中，形成独有的精益 TnPM 体系(图 4-21)。

现场设备 6S 活动是指与设备管理相关的专项 6S 活动，即整理(SEIRI)、整顿

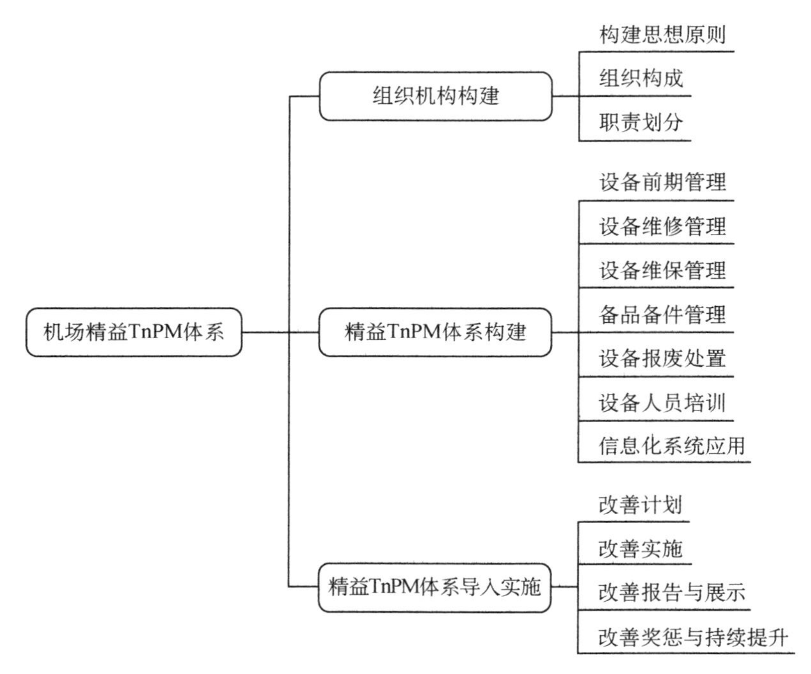

图 4-21 机场精益 TnPM 体系框架

(SEITON)、清扫(SEISO)、清洁(SEIKETSU)、素养(SHITSUKE)、安全(SECURITY)六个方面的内容,开展现场设备 6S 是把与设备生产不相关的东西除去,如果设备清洁的话就很容易发现设备异常之处,对设备的 6S 其实质就是对设备的检查。现场设备 6S 管理的目标如下。

(1) 不发生设备安全事故,消除安全隐患。

(2) 减少寻找浪费,提高工作效率。

(3) 坚持标准化作业,生产产品品质稳定。

(4) 形成明亮、清洁的工作场所,员工工作舒心。

机场飞行区导入设备现场 6S 管理,需遵守 PDCA 的循环,分四个阶段完成,即推行策划和实施前准备阶段、实施阶段(分为选样板点实施与全面实施)、检查阶段、检讨巩固和改进阶段。

(1) 推行策划和实施前准备:机场开展干部会议及经营分析会上强调设备现场 6S 实施的决策。利用正式会议对中高层管理干部进行教育,组织精益示范单位的参访活动。安排精益 TnPM 推进办公室为 6S 推进组织,明确其具体职责,拟定推进设备现场 6S 的制度或规范,进行宣传造势。

(2) 实施阶段:精益 TnPM 推进办公室组织一次全面系统地抽查,拍摄组织 6S 的现状,从中选取有潜力的单位(班组)作为设备 6S 实施样板单位(班组),分层级开展教育,确保每一名员工了解并掌握设备现场 6S 技能。各样板单位(班组)要知行合一,明确责任人，落实 6S。待样板单位(班组)成熟后，在全公司范围内进行推广。

(3) 检查阶段：设备现场 6S 全面试运行 1～2 个月后，进行全面组织评审，对不符合的单位或部门进行通报批评，并采取纠偏措施。

(4) 检讨巩固和改进阶段：建立规范化的 6S 公司推进制度维持 6S 的成果，培养全员问题意识和改善意识，养成自下而上的好习惯。

设备管理作为企业重要的一环，信息化过程是必经之路，随着科技信息化飞速发展，国家对信息产业大力推广支持，国内一些企业的管理者们意识到通过手工建立设备管理台账，编制设备维修工作计划，调配维修资源已经不能跟上企业科学管理发展的脚步，开始尝试改变传统的设备管理模式，逐渐将科学的设备管理模式引入企业内部当中。在转变过程中，管理模式从凭借经验主义的定向分析摸索着发展到通过信息系统模型进行相应的定量分析，信息沟通渠道也陆续变更为更加方便快捷的网络远程传输，设备诊断维修效率大幅提升，降低企业成本，使设备管理工作上升一个台阶。

设备管理信息系统的使用改变了目前设备管理组织结构，传统设备管理模式转换为设备信息化管理模式。根据系统统计的作业数据，衡量出作业质量完成情况，明确完善的设备管理考核指标和约束机制，按照确定的工作标准去评价和监督部门的整体工作情况。为了使整套管理系统良好地运转，必须制定一个关于设备管理健全的激励机制，充分激发员工的主观能动性，变被动为主动，全面协调管理人员和技术人员之间的职责与权利问题。

飞行区正常运行中少不了航空器、维修保障清洁车辆、通信设备、助航导航设施设备等各种设备，这些设备的正常使用是飞行区安全运行的保障，这些设备的故障情况、养护情况、管理情况反映了不安全事件的设备因素。在故障情况方面，存在设备自然老化、突发异常、自身设计缺陷等问题；在养护情况方面，存在日常保养不足、损坏修理不及时等问题；在管理情况方面，存在设备放置混乱、设备遗漏等问题。

为维持或提升飞行区设施服务水平，确保机场运行安全，根据飞行区设施特点和行业技术标准要求对飞行区设施进行维修维护，包括日常巡视、日常维护、日常维修、专项维修、定期检测评价、维护计划及规划等工作。建立各级设施、设备管理制度；设施、设备、系统配备应符合相关技术标准，定期检查维护；劳动防护用品应配置齐全。

浦东机场的设备管理已经实现信息化管理，围绕设备大量基础数据信息，建立了设备电子台账，增强信息共享，提高设备保修响应速度，对维修费用实施监管。飞行区设施管理系统属于深度定制化系统，涉及基础设施日常维护业务工作、行业技术标准、运行安全保障要求、各类计算分析理论模型等。设施管理工作设计要以设施维护标准和理论知识为基础，同时保证与飞行区运行保障业务流程等将带来实际应用的层面相贴合，而缺乏技术标准和理论的支撑将影响数据有效积累和决策分析。构建总体规划方案后进行功能细分，在此基础上再进行扩展或扩充。实践中可将道面养护系统作为基础，将场道标线、服务车道、排水设施等内容进行集成，形成应用示范，再逐步拓展到其他设施，并进行模块和信息集成。设施管理建设应遵循“建设—维护—服务一体化”的原则。同时也要注意，管理机构组织架构或人员分工调整都会带来系统功能需求的变化，行业管理标准和技术要求的变化和提升也将导致系统功能变更，在系统建成后需要不断维护和升级，以适应应用场景的变化。

4.3.3 人员管理

一方面，由于市场需求扩大，机场扩建工作加快，民航出现人才紧缺的问题。针对这一问题，引进和培养的方式是行之有效的。机场方面可以与高校联动，培养机场所需人才，还可以在社会招聘中有选择性地录用知识能力和专业素养等硬件方面与之匹配的人才。

另一方面，由于管理方面的疏漏，工作人员在分配上存在很多问题，未能将工作人员安排在有用的位置上。机场管理者应该重视相关问题，在人员安排上作出合理调整；同时，还应该培养新进人员的知识技能，及时对他们开展培训，帮助他们快速理解工作性质、工作内容，尽早进入工作角色。加强对工作能力强，各方面都比较突出的新进人员的培养力度，为后续管理干部储备人才。此外，由于技术方面工作要求较高，机场应对技术方面工作人员的考核进行改进，实施末位淘汰的方式，激励技术人员时刻关注自身能力的提升，提高自身的实力，推动机场管理工作的建设。确保在人才要素上得到应有的完善，从根本上提高整个机场的安全管理水平。

上述问题的解决于外部有助于展现出机场强大的影响力和社会正面形象，为慕名而来的旅客带来更加具有口碑的用户体验；于内部有助于扩大员工的归属感和自信感，吸引更优秀的人才前来交流。

风险是衡量危险性的指标，是某行为期望达到的目标与可能产生的最终结果之间的偏差。风险包括风险因素、风险损失和风险后果等要素，存在形式多样化的特点。在飞行区作业过程中，风险控制由平台员工主导。平台通常把员工素质因素放在影响安全因素的首位。人员的不当行为常常是造成安全事故的主要原因，从现场工作角度来看，员工的业务素质、安全意识、安全技能对于保证现场安全工作至关重要。如果员工受到完整的安全教育，在岗工作时间比较长，现场工作经验丰富，安全意识比较强，那么员工会在风险识别、消除隐患、降低事故后果等方面具备很强的应对能力。

从管理的角度看，出现安全风险的原因与员工缺乏工作责任心、安全意识薄弱等因素间存在较强关联。自我效能感是“人们对是否能够依靠自身能力去完成某项工作任务的自我感觉程度”，自我效能感对员工的行为举止会产生很大影响，管理者应当给予足够的重视。员工的情绪波动对他们的行为也有很大影响，情绪直接反映了员工对现状或事物的态度。如果员工因为工作原因或家庭原因，情绪受到了一定影响，在工作时注意力不集中，或把情绪带到与其他人身上甚至引起矛盾，会严重影响作业安全，在操作时出现危险的概率就会提高。此外，很多员工缺乏知识和技能储备。由于工作经验不足，专业技能不够，缺乏基本安全知识，处理现场突发事件经验不足，遇事容易惊慌，无法采取有效措施或正确执行指令，容易造成人员伤害事故[16]。

管理因素统领机场的各项安全工作，同时也体现在安全工作的方方面面。管理因素主要体现在安全教育、安全制度和预警管控等方面，安全教育方面主要存在安全相应培训缺失、安全知识考核流于形式、安全文化宣传不力等问题；安全制度方面主要存在安全管理制度不完善；预警管控方面主要存在相应领导不重视、预防手段缺失等问题。管理者素质的高低与安全事故也有很大关系。如果平台管理者素质比较高，其在追求平台时效的同时，会衡量安全风险，必定以作业安全为首要条件；如果平台管理者素质较低，其将作业时效作为首要追求时，现场员工压力就会比较大，为了节省时间，就可能会忽略一些安全措施，容易造成事故发生。

飞行区的环境对安全运行有所影响，一方面，近年来各种极端天气对飞行区的安全运行造成了很大阻碍；另一方面，飞行区工作人员一直饱受较大的噪声污染，长期处于这种环境可能会使人的反应迟缓，这对于飞行区安全运行是极度危险的。

涉及人员安全的风险因素很多，构建一套安全风险评估指标体系可以有效预防事故发生，提升人员安全保障。在这个过程中，要充分认识到飞行区安全风险构成机理，明确分析风险的具体含义。平台管理者在现场管控的过程中，分清各风险之间的主次关系和因果关系至关重要。人员安全风险评估是通过对所有危险因素进行辨识，分析判定事件的危险程度，再进行危险性判断。按照风险频率可将所有事件分为 A、B、C、D、E 五个等级，如表 4-7 所示。

表 4-7　风险等级

描述词	等级	项目说明	发生情况
经常	A	几乎经常发生	连续发生
容易	B	在某个项目周期发生几次	经常发生
偶然	C	在某个项目周期有时发生	有事发生
不易	D	发生的概率接近于零	假定不会发生
不能	E	不可能发生	不可能发生

危险严重性可以分为五个等级，如表 4-8 所示。

表 4-8 危险严重性分级

等级	描述词	描述		
		多数伤亡情况	单个伤亡情况	不健康状况
1	无关紧要	无	急救(没有损失时间)	健康
2	较轻的	急救(没有损失时间)	受伤,时间损失不超过 3 天	暂时的健康损害
3	中等的	受伤,时间损失不超过 3 天	受伤,时间损失达到 14 天	终身患病
4	较重的	受伤,时间损失达到 14 天	受伤,时间损失超过 14 天或者死亡	终身患病,可能导致死亡
5	灾难性的	受伤或者死亡,时间损失超过 14 天	受伤或者死亡,时间损失超过 14 天	死亡

浦东机场充分重视员工的作用,员工是实现安全发展的基础和主体,他们的知识结构和专业技术在安全管理工作中发挥着极其重要的作用。实现安全发展、保障民航业的安全和健康在很大程度上取决于员工的专业能力。人才是安全生产工作中第一战略资源,是第一生产力,是提高安全管理队伍整体素质,增强凝聚力和战斗力的内在需要。制定机场员工人身安全监管体制和顶层设计,运用监管手段解决执行问题,可加大监督检查,采用视频回访的方式进行监督检查;同时,浦东机场要以法律和部门规章制度的形式确认安全与生产的关系、规范生产中的安全行为,把员工行为与绩效考核相挂钩,规范员工在审查劳动过程中的操作和行为。

加强员工培训,强化系统安全管理。浦东机场将通过加强班组人员管理,延伸到管理资源、程序和制度、内部监管、培训教育、劳动保护、信息传递、差错、违章、安全文化等环节,强化班组运行与机场运行系统的有机结合。要提升安全管理的实效,首要是扎实开展安全培训、教育等基础性工作,提高人员对差错、违章、差错因素、环境因素、认识因素等不安全行为和前提的认识。

做好人、机、环境匹配和作业现场管理。机场的现场作业往往包括人、设备、环境等要素,很多时候还包含航空器,这些要素组成了一个系统,各个要素之间的相互匹配对于系统的运行正常至关重要。机场现场管理人员在作业前应考虑员工的准确度、体力、动作的速度以及知觉能力四个方面的状况,员工应注意设备的状况以及包括温度、湿度、照明、噪声、运行环境在内的环境状况。

平台的规章制度比较齐全的基础上,员工的执行力差是导致安全事故的重要原因之一,关键是在管理过程中要严格执行所制定的规章制度。现如今许多企业实行"一岗双责、党政同责"的管理制度,平台经理既要管生产,也要负责安全,不仅是平台经理,班组长也是一样,要求普通员工执行力强,班组长首先要积极主动,以起到表率作用,成为制度落实的典范,严格对岗位职责落实情况进行定期考核,加强对所有人员的约束力,以提高执行力。

完善平台的规章制度，定期进行安全检查。将工作落实到每个人，安全环保隐患在规定的时间内必须整改完成。在安全评估、风险分析后制定风险防控措施，定期复查落实情况和实施效果。

4.4　飞行区建设案例

4.4.1　北京大兴国际机场

大兴机场针对鸟击事件，采用严格控制区管理。鸟击事件多发生在机场附近。目前关于鸟击防范的研究主要集中在不同机场周边的鸟类调查与风险评价，但评价结果仅针对鸟类本身，难以直接应用于鸟击防范工作。大兴机场对严格控制区采用了以下六种防范措施。

(1) 控制区外“种青引鸟”。目前机场鸟类严格控制区的本底以高风险生境为主，难以大幅度改动生境面积，因此通过在远离机场的位置建立适宜性远高于控制区的鸟类栖息环境，将栖息地逐渐外引，减少机场周边鸟类栖息的机会。

(2) 高风险生境引入人工驱鸟设施。在高风险生境使用高空驱鸟设备、声音驱鸟设备、拦鸟网等人工驱鸟设备直接拦截周边鸟类，并建立鸟类的活动监测系统和数据库，及时预测机场周边鸟情，实施积极有效的防范措施。

(3) 更换区域内鸟类的食源、栖息植物。鸟类的觅食、筑巢行为与特定植物种类有一定的关联性，例如鹭类通常营巢于马尾松、枫香、苦槠等。区域内现存的杨树、柳树、刺槐等树种对鸟类栖息活动有较强的吸引力，因而应从食源与筑巢的角度适当替换或减少。

(4) 疏透植物群落的种植密度。控制区内的高风险鸟类普遍倾向于选择植物群落种植密度大、植株高的隐蔽环境营巢。鸟类严格控制区内生境的植物群落应采用视线通透、层次简单的种植形式。对于现状林地，可适当砍伐疏通、减少林地内矮小灌丛比例，降低环境隐蔽度。由于多种严格控制鸟类偏向在林缘地带活动，区域内林地的林缘线应尽量避免复杂、弯曲的形态，减少林缘长度。

(5) 加强区域排水效率，以暗渠替代农田排水沟。地表水是鸟类的主要吸引物，尤其吸引涉禽和游禽的栖息停留，因此控制区应配备有效的排水系统，平整用地防止形成地表积水；浇灌农田的排水沟用暗渠代替，减小地表水面积。

(6) 村镇及时清理垃圾，避免长时间堆放。冬季鸟类食源较少，村镇垃圾的堆放吸引着喜鹊、大嘴乌鸦等鸟类，其觅食的飞行路径若与飞机飞行轨道交叉将大大增加发生鸟撞事故的可能。因此村镇需要及时清理各类垃圾，避免其长时间在地表裸露[17]。

根据调查数据分析，机场鸟击事故存在以下特点：鸟击威胁呈现季节性。夜间活动的鸟类主要类群为：春秋季节的迁徙鸟类，冬季夜鹭越冬种以及部分繁殖鸟类。鸟类迁徙期内，许多鸟类（以涉禽为主）。鸟类繁殖期内，需要大量食物，成鸟也会在夜间外出觅食；夜间在机场及其附近地区活动的鸟类多喜好湿地生境。如夜鹭就主要在水塘、鱼塘以及开阔地带的积水区域活动；鸽形目在机场出现主要与啮齿类动物有关。啮齿类动物是鸽形目的主要食物，因此控制土道面鼠类的数量是减少鸽形目鸟类的主要手段。

4.4.2 韩国仁川国际机场

韩国仁川国际机场（Incheon International Airport，以下简称仁川机场）的安全管理体系负责安全管理的能动性、综合的活动，由组织的经营管理系统的一部分统一管理。SMS旨在实现仁川机场安全管理信息化，SMS包括组织的结构、可用资源、职员的责任、权限/任务、决策及管理程序。其监测的安全指标与管理对象如表4-9所示。

表4-9 安全指标与管理对象

安全指标	发生指标	指标定义
航空安全指标（万次飞行发生率）	飞机撞击设备、车辆等	因地面作业因素而导致飞机撞击移动中的车辆、设备等，或车辆、设备等撞击移动中的飞机的次数
	飞机相互撞击	因地面作业因素而导致飞机在滑行道或停机坪上相互触碰或撞击的次数
地面安全事故（万次飞行发生率）	在保护区域内发生车辆、设备等撞击	在保护区域内，人、设施及车辆等造成人员伤亡，或飞机、设施、车辆等造成物品受损的情况
机场设施出现功能故障（万次飞行发生率）	妨碍飞机飞行	因韩国国内机场移动地区管理状态不当而导致妨碍飞机飞行的情况
	航空照明设施出现功能故障	航空照明设施运营中断的情况

仁川机场的机场协同决策（Airport Collaborative Decision Making，A-CDM）是航空、交通管制机构、机场运营者、航空公司、工作人员等分别负责机场内飞机运行相关业务的航空交通管制机构、机场运营者、航空公司、工作人员等，通过合作机构间共享飞机运行时间，计算出飞行时间，并进行迅速作出决策安排的过程。仁川机场采用A-CDM是为应对持续增加的航空需求，有效地使用有限的机场内的资源，以积极管理飞机出发趋势为目标利用所有合作机构共享的正确信息，迅速作出决策。

仁川机场于2017年年末开始采用A-CDM，实现基本飞行区信息共享、引进及稳定化，可以预测出发情况，缓解交通拥堵的问题。2020年年初仁川机场利用进/离港排序功能（AMAN/DMAN）进行物联网（The Internet of things，TIOT）改善，扩大信息化范围，实现起飞顺序自动管理和运营最优化。仁川机场预计于2025年高度集成A-CDM自动化，附加信息开放共享，进一步减少手动输入步骤，并提高共享信息的质量。

参考文献

[1] 尹嘉男，马园园，胡明华. 机场飞行区资源调度问题研究(一)：基本概念与框架[J]. 航空工程进展，2019，10(3)：289-301.

[2] 吕清波. 机场的网络与信息安全风险及管理体系研究[J]. 网络安全技术与应用，2022(1)：122-123.

[3] 任汾燕. 首都机场安全管理体系研究[D]. 北京：首都经济贸易大学，2014.

[4] 康睿. 机场助航灯光系统技术及应用研究[J]. 电子测试，2021，16：27-28.

[5] 尚帅，任加云，王彦美，等. 鸟击风险防范研究现状[J]. 绿色科技，2019，(22)：132-134.

[6] 李俊红，何文珊，陆健健. 浦东国际机场鸟情信息系统的设计和建立[J]. 华东师范大学学报(自然科学版)，2001(3)：61-68.

[7] 周语，邵荃，王浩. 飞行区场面混杂系统刮蹭风险评估研究[J]. 计算机与数字工程，2021，49(6)：6.

[8] XIANFENG L, SHENGGUO H. Airport Safety Risk Evaluation Based on Modification of Quantitative Safety Management Model[J]. Procedia Engineering, 2012, 43: 238-244.

[9] 李明捷，黄诗轶. 通用机场机坪运行安全风险评估方法研究[J]. 航空工程进展，2022，13(1)：86-92.

[10] 陈勇. 机场工程建设安全管控模式研究——以浦东国际机场三期扩建工程为例[J]. 工程管理学报，2019，33(4)：82-87.

[11] 杨昊. 安全管理体系建设研究——以北京首都国际机场为例[D]. 北京：对外经济贸易大学，2017.

[12] 汪鹏. 成都双流国际机场安全运行监管存在的问题及其对策研究[D]. 成都：电子科技大学，2020.

[13] 李凌君. 加强机场安全管理制度文化建设在促进安检工作规范化发展中的重要作用[J]. 国际公关，2019(8)：165-166.

[14] 柯翔. 福州机场设备精益化管理研究[D]. 厦门：厦门大学，2019.

[15] 吴宇豪. 基于 B/S 模式的首都机场安保公司设备管理信息系统构建研究[D]. 北京：首都经济贸易大学，2018.

[16] 周赛杰. 海洋钻井企业人员安全风险评估及应对策略研究[D]. 上海：上海社会科学院，2020.

[17] 彭蕾，苏俊伊，尹豪. 北京大兴国际机场鸟撞风险评价及防范对策[J]. 中国城市林业，2022，20(2)：23-29.

第 5 章

非飞行区安全建设要点

5.1 非飞行区安全建设主要内容

5.1.1 消防安全

机场的建筑群落复杂，一旦发生火灾将造成重大伤亡和财产损失，产生不利的国际影响。因此，有效预防机场火灾，为扑救机场和飞机火灾做好准备，不仅是我国现代化建设的需要，还具有重要的国际意义。“安全无小事，消防重于天”，消防安全是关系到广大人民群众的生命和财产安全的关键所在，积极探索提高消防管理的有效路径始终是社会发展中的大事。在机场的安全建设中，消防安全也处于重要的位置，它是机场安全“四个底线”之一，是确保飞行安全的重要基础，是实现民航高质量发展的重要保障。

由于机场范围内建筑数量多、年代跨度大，投入使用的时间差异大，导致机场各建筑消防安全管理状态不同。新建建筑全面配备消防设备且管理到位，因此可以及时维修或更换故障设备，以满足现代消防安全监测的要求。然而，一些使用年限较长的建筑却存在许多消防安全隐患，主要表现在以下方面：①消防设施覆盖不全，存在未安装或安装不全的情况；②消防设备陈旧，损坏严重，且没有及时更换或维修；③建筑内居住人员多，人员流动大；④由于住户改造，存在很多火灾隐患。在使用寿命较长的建筑物内发生火灾，可能造成巨大的经济和财产损失，甚至严重的人员伤亡。一般来说，设有消防室的建筑消防安全监管工作做得比较好，但也存在一些消防室未投入使用或值班人员不在岗的情况；而没有消防室的建筑在消防安全管理方面存在一些不足，如果这些建筑发生火灾，通常无法及时发出警报。由于人力资源匮乏，一些消防控制室不能严格遵守双岗三班制度，无法满足日常消防控制的要求。同时，工作人员流动性大、专业素质参差不齐、工作不熟练、流程不熟悉等问题也增加了消防工作的难度，进而使消防管理变得复杂。此外，虽然机场建筑的各种消防文件很完整，通过查阅消防文件就可以很好地了解机场的消防管理情况，但各种消防材料通常以纸质形式保存，并分布在不同的部门或地区。要想全面了解机场的消防安全管理情况，相关工作人员需要阅读各种消防台账，这是一项耗时、费力、不方便的工作。消防安全管理信息化水平低，不仅给日常消防安全监管带来诸多不便，而且一旦发生火灾，工作人员无法在短时间内、高压力下获取信息，在一定程度上也会影响消防救援行动。此外，如果纸质资料因火灾或其他原因被烧毁、丢失或损坏，则无法恢复，造成严重损失[1]。

对于机场非飞行区而言，可能引发火灾的原因非常多，主要如下[2]。

(1) 各种无线电和导航系统的电缆、电线穿过地板，在使用和维护过程中，一旦出现线路损坏、发热、短路、设备损坏或意外操作，就可能发生火灾。

(2) 在机场气象站制氢室制氢过程中,如果有泄漏,释放的氢气会上升并滞留在屋顶上,遇火星则会引起爆炸。

(3) 航站楼如靠近飞机加油和维修作业点位,容易受到严重火灾威胁。

(4) 机场特种车库内保存了大量燃料和易燃蒸汽,还包括各种电气设备,稍有不慎,就可能引发严重的火灾。

(5) 机场办公和生活区因用电用气用火不规范引发火灾:例如,①私自乱拉电源线路。违章乱拉、乱接电线,容易损伤线路绝缘层,引起线路短路或因接头接触不良发热引起火灾。②违章使用大功率电器。机场建筑物内供电线路、供电设备等都是按照实际使用配备功率,违章使用超过额定功率的电饭锅、电吹风、电热杯、热得快等易造成线路短路。③思想麻痹大意,使电热器具在无人监控的状态下长时间通电发热而引发火灾。④对长期使用的电气设备、电线疏忽安全检查及维护维修,使电气设备、电线绝缘老化,漏电短路起火。⑤电器自燃引发火灾。电视机、饮水机、电脑、空调机等电器自燃引发火灾,绝大多数是因为通电时间长,引起电器内部变压器发热、短路起火。因此关机时不能只靠遥控器,这样电器内部有部分线路还在通电。⑥电器照明或取暖设备离纸等可燃物太近,长时间烘烤引燃可燃物发生火灾。

机场非飞行区应遵循相应的防火措施,主要如下。

(1) 客货运输服务区:航站楼的耐火等级不应低于一级。室内装饰材料应采用不燃或经防火处理的材料。对容易进人或可燃物容易堆积的隐蔽空间应进行封闭或通风处理。航站楼内各种空间的配置必须符合安全要求,逃生通道,如走道和人行道等,必须畅通无阻。航站楼的电气设备和电路应由主管部门管理,不得超负荷使用。建筑物应配备备用供电室、消防应急照明、疏散标志和消火栓供水系统。消防控制室应具备向有关部门报警的功能,在使用或容易泄露易燃气体的房间应安装警报器,以检测易燃气体浓度。登机桥应提供至少 5 分钟的安全过渡时间,使机上人员能顺利地从飞机上疏散到航站楼内。屋顶、墙板和地板必须是不可燃和不发火的装饰材料。从登机桥到航站楼的入口门应配备紧急安全装置。自动喷水灭火系统或固定泡沫灭火系统可用于保护登机桥。如果客机坪发生漏油,应立即用吸收性材料覆盖并进行清理。停机坪的坡度在航站楼、走廊、机库、舷梯或其他设施的起点之外不得超过 15 米,且不得低于 1 : 100。机场特种车库建筑应采用一级和二级防火结构,停放车辆的数量和类型应符合设计标准,不得超停或混停。停放的车辆不得漏油,必须能够在不改变前进方向的情况下离开车库。车库内不得吸烟,不得存放汽油或其他易燃液体,不得在车库内给车辆加油或充电。满载货物的车辆不得进入或停放在车库内。车库内不得安装电气照明开关和配电装置,应使用防爆电气设备,并应配备良好的静电接地装置。车库应配备足够的、有效的消防设备。停车位和生活区之间必须保持一定的距离。禁止在现场堆放材料和易燃物。进入车库的各类机动车必须配备便携式灭火器。进行明火作业时,必须与场地的其他部分保持足够的安全距离,工作结束后必须切断电源,并将场地整理好。严禁在冬季使用明火为车辆取暖。机场货物仓库必须位于靠近停机坪的安全位置,符合机场净空要求,并避免接近易燃易爆场所。在可能的情况下,仓库应采用钢筋混凝土结构,高火险货物应储存在单独的仓库中。大型仓库和多层仓库都应该有足够的消防用水,并在室内和室外配备消防栓和自动喷淋装置。仓库还应该配备自动火灾报警系统,通常可以使用温度传感器。机场管理部门要根据旅客的身份和行李的特点,有侧重地对旅客携带的物品进行询问和检查。严禁到达机场的旅客携带爆炸物、易燃物、氧化剂和有机过氧化物。所有办理托运的行李必须进行彻底的检查,并采取相对应的安全措施。不允许使用内含物可能释放气体或需要排气以降低空运期间包装内部压力的包装。对于数量大(即活度大)的放射性物质,由于其辐射时会产生大量的热量,因此应采取合适的散热和冷却措施。在装卸危险货物前,货运人员应提前确定好货位,并进行必要的通风和检查。升降机、集装箱车、电池车等设备与飞机之间必须保留有安全距离。在装载到飞机上之前,必须严格检查集装箱和里面的危险品是否泄漏并进行安全处理。在装卸化学材料时应该小心谨慎,装卸机械需要配备防止产生火花的保护装置。标有"仅限货机"标签的危险品需要严格管理,只能装载到货机上。

(2) 机务配套设施区:用于存放各种设备和材料的航空器材仓库应为一、二级耐火建筑。仓库的高度不应阻碍通道和净空区障碍区的布局,至少应配备有两个出口和一个宽门。仓库门应向外打开,不能内锁。禁止在仓库内设立办公室。材料放置应保持稳定,地板应按时检查,保证平整、无凹坑,木地板应无翘曲情况或出现缝隙。如果混合材料存放在仓库中,必须根据其特性对堆积物进行分类。如果没有适当的分类设备,具有潜在冲突特性或不一致灭火方法的材料不应存放在一起。飞机设备、仪器、通信设备和其他航空设备不得与可燃材料混合存放。仓库应配备多个室内和室外消火栓、常规灭火器和自动火灾探测及灭火系统。机场的石油产品储存设施不得邻近飞行带方向(俗称喇叭口)。石油管道,无论是地上还是地下,都不得通过仪器室、配电室、通风机室、空气压缩机室、办公室和生活区以及其他与石油管道无关的空间。加油设备应配备防止产生静电的装置。将润滑油或黏稠的石油产品注入油罐时,禁止使用明火。在雷雨天气,禁止进行抽水和浇水作业。

(3) 飞机停放区:飞机库的耐火等级应为一级或二级。飞机储存和维修空间、仪器室和其他附属建筑的层间地板,包括飞机储存和维修空间的倾斜地板,应采用不燃材料建造。维修室的斜面和地板应高于飞机入口处的车道或停机坪。将飞机储存和维修区与其他区域、车间、办公室和零件储存区隔开的墙壁和天花板应具有至少 1 小时的耐火性能,其开口处应使用具有 45 分钟耐火性能的防火门保护。机库和维修区的每个部分都应至少有两个出口供人员疏散。出口和飞机的安全疏散出口应分开,机库门的移动应平稳无阻。停放时,机库内的飞机应远离其他飞机或障碍物。机库应配备应急照明和安全出口灯。飞机必须离开仓库时,不得进行复杂的转移,飞机的疏散应由专业人员进行。飞机库必须配备地上燃料排放系统，并使用不可燃地下管道。同时，还必须提供合适的水封装置和足够的通风。机库内及周围半径 30 米范围内禁止吸烟和明火。严禁在地面上存放易燃材料或喷洒易燃液体，不得随意丢弃破布、油纸等物品。拆下的飞机部件应在专门的清洁室内清洁。禁止所有车辆(拖航飞机除外)进入或存放在机库内。刚刚着陆或刚刚进行飞行测试过的飞机，必须在发动机停机并取下蓄电池后 15 分钟内确认无漏油情况，方可入库。机场应建立完整的现代化消防站，配备消防车和其他消防设备，同时确保足够的消防用水供应。

在飞机维修期间，还应遵守消防要求。

(1) 维护油箱时，必须采取通风、消防等措施，然后才能进行清除油箱中油气的工作。同时还必须拆除飞机上的电池，停止发动机，并悬挂标志。员工应穿着干净、安全的棉布工作服。

(2) 在飞机充氧系统进行充氧工作前，充氧人员必须洗手，穿着专用充氧服，并事先接好专用接地线。在充氧过程中，严禁将易燃物质与充氧器具和氧气系统部件接触，严禁在飞机上进行加油和通电工作。充氧完成后，先关闭充氧车的充氧开关，然后关闭飞机充氧开关并缓慢对冲氧管中的残余压力进行释放。在工作过程中，地面和充气点周围不得有可燃物和点火源。

(3) 当需要对飞机进行大面积喷漆或退漆时，必须做好飞机接地工作，并且必须在工作区域附近或舱口入口梯子处放置至少两台推车式泡沫灭火器。登上飞机进行工作时，严禁携带火种、穿着钉鞋或到处乱扔易燃物。在工作完成之后需要及时清理现场。

(4) 清洁飞机燃油喷嘴时，需要检查清洗设备的减压阀、开关、压力表和过滤器等零部件是否完好，设备上的冷空气输入管道必须配置有减压阀。添加清洁剂后，需要注意拧紧加注口的螺钉。清洗液不得接触明火。

(5) 维修电子电气设备时，所有电线、电缆、防浪罩、地线和负极线应保持完好并固定牢靠。更换任何一段导线时，必须使用整根导线，其性能应与原导线相同，截面可以稍大一些。各种插头、插座等电器的接触件应保持良好接触。严禁在有可燃气体的舱室内焊接，严禁在带电线路上进行拆装工作，严禁在飞机上留下裸露的电线端头(接地线除外)。严禁使用酸性焊剂焊接焊丝。禁止在有易燃液体和易燃蒸汽的场所分解电子设备。

机场工作人员办公和生活中也应遵守防火要求[3]。

(1) 所有进入办公区和生活区的人员应自觉遵守机场消防安全管理规定。

(2) 不要在非飞行区进行树叶、纸张、垃圾和其他可燃物的焚烧行为。

(3) 严格按照规定使用、管理和处置易燃易爆危险化学品。

(4) 在用火作业时，必须遵守消防安全许可和用火管理制度，避免未经授权用火，并提供必要的消防设备。

(5) 在宿舍等生活区内，严禁私拉临时电线或插座，严禁擅自使用电饭煲、热水器等电器，严禁在床上吸烟，严禁在熄灯后使用蜡烛或打火机照明，严禁在宿舍内存放或使用酒精、汽油等易燃易爆物品，严禁在逃生通道上堆积杂物，自觉维护走廊上的消防器材。

（6）加强消防安全知识的宣传教育，营造良好的消防安全氛围，加强对员工的消防安全知识教育培训。所有人员应爱护消防设施和灭火器材，不要随意移动或挪作他用。学习基本的消防知识和技能，学习如何正确使用不同的消防工具，学习拨打火警电话和正确报告火灾情况。

2020 年以前，只有一部《民用航空运输机场消防站管理规定》涉及灭火救援的管理工作，因此我国民航消防安全管理规则有待进一步完善和加强建设。2020 年 8 月，中国民用航空局对现有规定进行修订，形成《民用运输机场专职消防队管理规定》和《运输机场专职消防人员灭火救援业务培训与考核管理规定》征求意见稿，并起草了《〈民用航空运输机场消防站消防装备配备〉（MH/T 7002—2006）的补充说明》《〈民用航空运输机场飞行区消防设施〉（MH/T 7015—2007）的补充说明》以及《民用运输机场消防安全协作机制管理办法》等 3 部规范性文件，从而形成我国民航消防安全管理规则体系。然而，在进行机场非飞行区的消防安全建设时，还应结合非飞行区的特殊性，对通用的消防安全规则进行细化，以确保机场消防工作的顺利进行。

首先，机场应建立防火安全委员会或防火安全领导小组，同时机场的消防管理工作应接受当地消防救援机构和机场公安派出所的监督指导，以及民航公安的业务指导。防火安全委员会的主要职责如下。

（1）贯彻落实国家、行业、地方政府关于消防安全管理工作的法律、规章、标准和上级有关规定，全面领导公司消防安全工作。

（2）制定或审定公司消防安全管理规章制度，研究解决防火工作中存在的问题。

（3）定期召开公司消防工作会议，组织考评公司各单位消防安全工作开展情况。

（4）为公司消防安全管理工作提供必要的经费及组织保障，改善消防安全条件。

（5）组织公司消防安全检查，监测火灾风险防范，及时解决重要的消防安全问题。

其次，对于非飞行区的重点区域，如候机楼（含廊桥）、货库区、办公楼、酒店、餐厅等区域，需实行严格管理，所需要进行的消防工作如下。

（1）加强对驻楼单位的消防教育与培训，严格按照消防标准组织消防安全检查，做好楼内危险源识别及隐患排查工作，及时消除火险隐患，避免在楼内及相关区域发生电线老化、短路、乱接、电器超负荷运作等违规现象。

（2）严格执行各项消防安全管理规定，建立健全消防档案，按照行业标准配备灭火器材，确保灭火设备、疏散指示标志等消防设施的完好，保持疏散通道、安全出口的畅通，定期开展消防演练并完善消防预案。

（3）坚持每日防火巡查工作，每次巡查应明确巡查人员、部位、内容，对发现的问题及时进行整改，并将检查情况汇总录入本单位消防档案。

同时，机场对在防火重点区域以及禁止明火区域内需进行电焊、气焊、气割或其他明火作业的活动实施动火审批制度。申请动火单位应会同动火作业单位对动火现场进行安全风险评估，制定可靠的防火措施，并填写《动火审批单》，经相关主管部门、主管领导审批后方可动火。各单位应严格执行“三不动火”的要求，即未经批准不动火、防火监护人不在现场不动火、防火措施不落实不动火。

最后，机场应定期开展防火安全检查，及时发现问题并督促整改，做好消防安全宣传教育与培训、应急预案和演练等工作。

5.1.2　治安安全

作为城市或地区的交通枢纽，机场最大的特点是人流量大、人口聚集、地理位置特殊、面临的情况复杂。随着社会转型进入关键期、经济不断发展，很多社会矛盾以非理性的方式出现，治安形势和社会安全愈发严峻。机场作为民航运输的起始点，承担着极其重要的安全保卫职责，安全形势不容忽视。因此，为了维护民用航空机场治安秩序，保障公私财产和旅客人身安全，需要对机场治安安全加以重视，其中非飞行区的治安安全建设尤为重要。机场公共安全防控是整合机场公共安全和社会资源的各种防控要素而形成的集打、防、管、控于一体的警务系统。根据国家相关条例的规定，民用机场公共区域内的治安管理工作需要以“共同参与、分工负责、突出重点、长效机制”为工作原则，机场非飞行区的治安防控工作不仅是公安机关的责任，还是民航机场的责任，同时航空公司等民航企业也被明确赋予了航空安全责任主体的地位。机场安全防控责任主体主要由三部分力量组成，即公安机关是骨干，驻场单位是依托，公众的广泛而积极的参与是基础，多种防控力量共同协作。

在非飞行区中，进行治安安全建设的重点区域包括：公共区域，如候机楼（室）、旅客隔离区、停车场、宾馆、招待所等，以及航行指挥塔台、通信枢纽、重要动力设备、货运仓库、航材及贵重物品仓库、油库等非公共区域。

航站楼整体治安平稳是治安安全建设的重中之重。一方面，候机楼派出所可以通过加强候机楼各要点部位的巡逻防控，根据航班动态与旅客流量的增减，在不同时间段合理分配执勤人员进出港进行巡逻，发现可疑人员时及时进行审查，以确保候机楼内的治安秩序稳定。另一方面，候机楼内的治安秩序稳定，涉及候机楼内各个单位、商家以及旅客，因此在进行治安安全建设时，可以组织和引导候机楼内从业人员广泛地参与巡逻防控工作，发动各驻场单位，做到“群防群治”。对相关单位人员进行安全教育培训，从而在工作中及时发现可疑人员，及时向派出所反馈信息，加强辖区各单位员工空防、消防、治安等方面的知识，增强治安安全意识，共同确保候机楼内的治安安全。同时，派出所可以通过定期开展法制宣传教育，特别是民航法规的教育，提高机场群众的法律意识，使维护机场的治安安全变为群众的自觉行动。

非飞行区机场非管制区的航空安全措施还应符合航空安全法律和标准的要求，其内容应纳入机场和公共航空运输企业的航空安全计划。机场公安机关应当维持足够的警力，对机场航站楼、停车场等公共区域进行巡逻。航站楼前的人行道应配备相应的安全防护设施，防止车辆撞击航站楼。航站楼售票柜台和其他值机设施的结构应防止乘客和公众进入工作区。所有机票、登机牌、行李牌等均应采取一定的航空安全措施，以防被盗用或滥用。航站楼广播电视系统应定期向乘客和公众通报应遵循的基本安全事项和程序。在航站楼、售票处、值机柜台、安检通道等处应设置相应的安检公告牌。对于航站楼内的小物品存放场所，也应对物品进行安检。无人值守的行李、无人认领的行李和错误行李应存放在机场指定区域，并对其采取相应的航空安全措施。机场管理机构应当对航站楼的工作人员进行清洁工培训，制定针对航站楼厕所、垃圾箱等隐蔽部位的检查措施，在发现可疑物品后应及时通报上级部门。机场管理部门应当组织制定在航站楼、停车场等公共场所发现的无主可疑物体或者可疑车辆的处置程序，并配备相应的防爆设备。航站楼下方不应该设置公共停车场，如果航站楼下方已经存在公共停车场，则应在入口处配备爆炸物检测设备，对进入航站楼的车辆进行安全检查。针对机场非管制区中可以俯视飞机、安检现场的区域以及机场管制区下的通道，应采取以下措施：①配备相应的视频监控系统，并适时安排人员巡视；②采取物理隔离措施，防止未经授权人员进入或有人将物体扔进停放的飞机或安全控制区域；③可看到安全检查现场的区域应采取不透明的隔离措施；④在机场重要的乘客服务区采取适当的航空安全措施，防止未经授权的人员进入。

民用机场作为科学技术手段应用的前沿阵地，应当多挖掘发现新兴、成熟的先进科技成果。使用先进设备，既可以使安全管理中人为因素造成失误的可能性降低，还可以提升处理突发事件的准确率。机场需要加大设施设备资金的投入，补齐硬件这块短板，提升应急管理中的预警监测、信息收集和传递、救援和恢复能力。根据机场的实际情况，引入行业内外的成熟技术手段，提高自动化、提高容错率、降低人为差错的可能性，在提高应急能力的同时还能减少人力成本。通过一些现代高科技设备、系统的运用还可以在一定程度上预知、预警、预防人为突发事件的发生，减少或消除其产生的影响。比如，机场方面可进一步完善视频监控系统，实现无盲区的非飞行区视频监控全覆盖，图像信息应当可以存储和备份，图像质量应当清晰可识别。同时，要完善监控值班室的管理制度，配备专人进行视频监控。值班人员一旦发现可疑人员或物体，应立即通知公安机场派出所派人到现场进行处理。另外，目前较为成熟的网络舆情监控系统可以自动检测关键词在互联网上的出现，及时发现不法分子的企图；很多其他机场、火车站广泛应用的视频捕捉加图形识别技术可以在茫茫人海中准确识别人脸，然后自动匹配数据库中的照片，自动锁定犯罪嫌疑人的身份，帮助公安机关轻松完成抓捕任务；还有很多机场普遍使用的测爆仪，采集很少的样本就可以检测到常见的爆炸物粉末，从而不用开箱检查或通过繁琐的 X 光机就能排查绝大部分爆炸物，大大降低了候机楼遭遇非法袭击的概率。此外，还可以对旅客进行安全检查时使用指纹阅读器和虹膜扫描器等设备，对旅客的行李使用爆炸物探测装置检测是否含有爆炸物，对候机楼公共区域使用警犬等方式加强巡逻检查。光有先进设施设备是不够的，还要保证有专人负责 24 小时的监督和值守。由于机场各保障部门之间的责任划分较为明确，在现场没有人的区域，可以安排专人在监控室内监视摄像，从而减少人力资源的浪费，节约成本[4]。

机场应严格执行民用航空企事业单位内部的安全工作规定，突出并加强对重点单位和关键岗位人员的管理，建立严格完善的管制区安全人员和员工管理制度，确保“内部纯净”，杜绝由内部人员引发的严重违法犯罪和危害公共安全的事件。还需要加强行李和货物处理的安全管理，首先，安检站应对出入控制区的行李和货物装卸人员实施双向安全检查措施；其次，安检站应重点加强对行李分拣区的视频监控，确保情况得到及时处理；最后，机场货运部需要完善管理责任制，以降低托运行李和货物的被盗率。

结合突发事件发生的原因、程度、范围大小和带来的影响，分类分级进行相应应急预案的编写。应急预案的编写要做到准确实用，保证内容的全面覆盖。全面覆盖的含义首先包括基本内容的全面：①应急处置相关单位的职责划分；②对事故灾害、紧急情况和事故种类的分辨、预测和评价；③事故灾害或紧急情况发生时保护生命和财产的措施；④应急救援中可使用的社会和外部资源，比如设施设备、人员物资和各类经费等；⑤应急救援行动的指挥与协调；⑥对于现场的恢复制定合理的、全面的、有效的措施。其次，还应考虑到全面覆盖机场各种区域可能发生的突发事件，细化各种类型下不同事件的情形，让决策与指挥人员在运用预案时能有的放矢。应急预案的编制要简要明确，把参与应急救援的相关保障单位的任务分工、要求和标准说清楚，在应急管理体系中的各部门的专业应急预案中，详细描述救援行动，使应急预案在实际工作中的运用更有指导性和操作性。

机场应积极探索建立机场安全防控巡逻制度。机场的民警和武警应组成巡逻队，携带警犬进行武装巡逻。在紧急情况下，需要能够迅速到达现场，并在第一时间处理，防止突发事件的发生，遏制和有效打击正在进行的违法犯罪活动，最大限度地提高警方的见警率、管事率、盘查率和现行抓捕率，提高公众安全感和满意度。要组织部署武装巡逻车和警力，在机场开展定点巡逻，重点检查进入机场的卡车、客车、出租车等可疑车辆，严格检查危险品、易燃易爆物品、管制刀具等。还应与机场安监局等单位合作，通过建立全方位、多层次、专业化、团队化的机场综合巡防体系，建立机场应急力量，切实提高机场应急水平和防乱、反恐能力。同时，通过完善机场重点部位的监控设置，加强人防、物防、技防和重点防御措施，完善情报引导、指挥调度、联合服务协作、应急响应、评估监督等一系列机制，进一步发展机场防控网络[5]。定期对机场应急救援人员开展专业化的符合机场实际安全管理情况的应急培训，如要求全员熟知机场航站楼、其他重点单位和建筑的环境以及疏散路线，围绕候机楼和其他重点单位组织开展定期、不定期的模拟训练和实战演练，在演练中调配突发事件应急处置力量，提高各应急单位反应速度和合成作战的水平。

在治安管理方面，机场也应深化对大数据的创新利用，探索与传统业务发展相适应的“大数据”新模式。机场公安机关应按照公安大数据的总体规划要求，科学规划、合理组织、协调大数据平台的实际应用系统建设，关注机场信息化建设的特点、不足和问题，全面规划和推进信息化建设和实施，逐步克服与地方公安机关、机场集团等的信息壁垒，推动机场安全防控发展的网络化、便捷化、智能化。按照“四实、四用”的标准，根据机场的实际情况，完善网络系统结构，实现警种间、机构间、层级间的融合，打造信息化的“实用武器”，充分解放警力，提高工作效率，增强战斗能力。在充分发展民航安全信息系统的基础上，应利用各种信息和情报系统，为执勤警察配备完全便携式的“警务通”设备，加强警察对各类信息的认识，主动调查和评估，重点发现犯罪线索，分析和提醒关键人物，进行动态监控，实现早发现、早控制、早制止和早预防。

机场面对突发事件时，应急指挥体系是最基础、最有力的保障。体系要充分发挥统筹协调的作用，相关部门要积极参与配合。机场是个很复杂的交通运行系统，只要安全出一点小问题，就会引发“多米诺骨牌”效应，带来不可预估的严重后果。要想高效处置突发事件，就需要有序、强大、高效的指挥调度和指挥体系，整合各个单位的资源，做到“1 + 1＞2”。针对突发事件，机场应整合各处置单位应急资源，理顺突发事件处置联动机制，明确各单位在联动机制中的职责和义务，以机场现场指挥为中心，联合机场公安、航空公司、空管等驻场单位，保证应急联动中心能够及时地、无阻碍地调配机场所有应急力量，包括设施设备、人员等。确保机场、航空公司、空管、油料等单位在处置突发事件时能够迅速反应和顺畅对接。建立定期会商机制，畅通应急指挥通道，通过分析总结一段时间内的应急处置情况和风险预警情况，部署定期应急预案实战演练的相关事项。保证突发事件发生后，全部参与救援单位都能形成一个整体，不管是原地待命、集结待命还是紧急出动，所有应急救援队伍都能够第一时间到位和展开行动。机场应以公共安全信息系统为基础，有效融合和整合机场地区的各类科技信息化的资源和手段，如视频监控和无线通信系统，有效直接地掌控机场应急力量的调度，实现公安机关和相关驻场保障联动单位进行点对点的指挥配合。配合现场指挥中心的临时指挥调度，利用机场强大的信息网，包括空间信息、视频信息、位置信息等内容，建立扁平化的信息交换共享体系，提高信息传递的效率和准确度，达到完善机场应急管理体系的目标。扁平化的组织结构非常紧凑，信息传递速度快，能够将决策及时、准确、快速、高效传递到各个单位，有利于各相关保障单位对突发事件的演变和发展作出快速响应，加强现场处置的灵活性，提高收集现场信息和处置的效率。现场指挥中心应当与省级人民政府、市级人民政府、各级应急指挥机构、各驻场单位建立应急联动关系和扁平化、运转效率高的机场地区指挥调度体系。当发生突发事件时，机场现场指挥中心应向政府职能部门申请调集各方力量和资源，在响应应急预案、通信联络、交通运输等方面进行联动，提升应急处置的效率。

5.1.3　相关设施及功能实现

在非飞行区的安全建设中，起到较为重要作用的设施如下。

（1）应急消防救援设施：包括应急指挥中心、救援及医疗中心、消防站、消防供水系统等。

（2）机场安全检查设施：包括旅客、货邮及工作人员等安检设施。

（3）机场安全保卫设施：包括航站楼及货运区的安保设施、监控与警报系统等。

在应急消防救援设施中，应急指挥中心负责突发事件的第一时间信息通报，同时配合应急救援领导小组，组织、协调和实时处置突发事件。救援及医疗中心的值勤救护车辆及人员应随时处于待命状态，保持车辆及设备的完好，并按规定配备必需的药品，负责在指定集合点等待或开展救援行动，途中随时随地向应急救援指挥中心进行有关情况的汇报工作，对伤亡人员进行伤口检查和分类，对受伤人员进行现场应急医疗和疏散工作，并记录受伤人员的受伤情况和疏散信息，同时负责医学突发事件处置的组织实施等。消防站应在机场围界内 3 分钟赶到指定集结地点等待或开展救援行动，到达现场后立即向应急救援指挥中心报告，救助被困遇险人员，防止起火，组织实施灭火工作，根据救援需要实施航空器的破拆工作，负责将罹难者遗体和受伤人员移至安全区域，并在医疗救护人员尚未到达现场的情况下，本着“自救互救”人道主义原则，实施对伤员的紧急救护工作。

机场安检工作可以实现对安全隐患问题的有效排查，保证旅客自身安全以及飞机在空中的飞行安全，从而在最大程度上避免安全事故的发生。机场安检设施的建设与工作要求应遵循《民用航空安全检查规则》，遵守民航局颁布的三个安全检查专业技术标准，以及民航机场安全设施建设标准和中国民航旅客及行李国内运输规定。国内机场的安全检查按区域分为旅客区安全检查和工作区安全检查，其中旅客区安全检查又分为旅客安全检查、托运行李安全检查和货物安全检查；工作区安全检查又分为员工安全检查、货物、车辆设备安全检查等。安全检查按类型可分为人员、托运行李和货物检查。根据国内机场安检设备的实际使用情况，又可分为旅客人身安检、交运行李安检以及货邮安检三大类型[6]。根据《民用航空运输机场航空安全保卫规则》的规定，机场应配备和旅客量对应的安检通道、安检人员和安检设备，确保所有进入隔离休息室的人员和货物都通过安检。还需要一个标准化的安检信息管理系统，及时收集和记录旅客的安检信息。通过安检的人员在离开候机隔离室再次进入时将接受第二次安全检查。还应注意的是，已通过安检的人员和未通过安检的人员不得混杂或相互接触。如果发生混合或接触，机场管理部门应认真对待并采取以下措施：①清理并检查相应的隔离区；②再次对相应的离港旅客及其手提行李进行安全检查；③如果乘客已进入飞机，则应组织对飞机客舱进行安全搜查[7]。安检工作区应设置禁止拍摄、禁止旅客携带或托运的物品等安全保卫标识和通告设施，可以采用机场动态电子显示屏、宣传栏、实物展示柜等形式。航站楼内所有区域均不应俯视观察到安检工作现场，可俯视观察到安检工作现场的区域应符合以下要求：①采用非透视物理隔断隔离，隔断净高度应不低于 25 米，公共区域一侧不应有用于攀爬的受力点和支撑点，并设置视频监控系统（物理隔断为全高度的情况除外）；②必要时，应能够对公众关闭。在建设安检区域时，应为安全保卫设施及其配套设施留有足够的安装、使用、维护和维修空间。在建设机场安检设施时，应注重安检流程的优化、新技术的使用以及安检人员工作素养的提高。

机场的安全保卫设施是指用于预防、阻止或延缓针对机场、航空器及导航设施等的非法干扰行为，保护机场区域内人员及财产安全的安全防范设施及相关设备。机场安全保卫设施包含空侧、陆侧和航站楼的安全保卫设施，由机场围界和道口安全保卫设施、机场控制区通行管制设施、视频监控系统、人身和行李的安全检查设施、航空货物运输安全保卫设施、要害部位安全保卫设施、配餐和机供品安全保卫设施、机场安全保卫控制中心和业务用房等构成。

机场非飞行区安保设施的建设尤为重要，除了内部安保措施，如配备报警、消防和防爆等设备用于机场应急处置突发事件，以及根据需要设置车辆治安检查站、治安执勤点等，还需格外重视与机场空侧交界处的安保问题。如在可以俯视航空器活动区的区域，应设置物理隔离设施和视频监控系统，防止未经授权人员进入或者向空侧投掷物品。毗邻空侧的建筑物内，其面向空侧的门窗应封闭或加装密集型防护网等，防止人员从建筑物进入空侧或向空侧传递物品等。对于属于空陆侧隔离设施的应急疏散门，应满足空陆侧隔离设施要求，并对其内外两侧区域实施视频监控，当发生紧急情况时，应急疏散门应能自动、通过消防控制室远程控制、通过机械装置或破坏易碎装置等方式打开，并伴有声光警报。在航站楼的公共活动区内，需设置物理隔断、应急疏散门等，并配备可疑物品处置装置，如防爆罐、防爆球和防爆毯等，还应在航站楼内售票处、乘机手续办理柜台、安全检查通道等位置设置告示牌、动态电子显示屏或广播等，以便及时告知旅客安全保卫相关信息。公共活动区内检修通道燃料管道、综合管廊等出入口应设置安全保卫设施，并位于视频监控覆盖范围内，以防止未经授权人员利用，如有必要，应设置防入侵报警设施。公共活动区内还应配备对寄存的小件行李实施安全检查的设备，小件行李寄存处应能锁闭，垃圾箱应位于视频监控覆盖范围内，并便于检查。卫生间门前区域应位于视频监控覆盖范围内，对进出卫生间人员实时监控。公用设备间杂物、管道井等封闭空间应设有锁闭装置，灭火器储存柜和消防栓箱应便于检查，防止藏匿危险物品或装置。公共饮水设施的可接触饮用水的位置应具有锁闭功能。

为了对机场整体的安全保卫工作进行总控,机场应设置机场安全保卫控制中心,一般设在机场运行控制中心或航站楼运行控制中心。控制中心的管理平台应能将视频监控通行管制等系统进行集成,并与开放协议设备兼容,允许不同设备、系统之间的通信,并预留满足公安业务需求的接口。控制中心还必须能够同时接收和处理多个报警信号,并能同时接收通过直接链接上传的多个报警图像。为了保证控制中心运行的稳定性,如果其中一个网络控制中心的控制平台发生故障,不应影响接入子系统的正常运行,也不应影响同级或上级控制中心的正常运行;如果其中一个网络子系统发生故障,不应影响监控中心和其他相关网络子系统的正常运行[8]。

5.1.4　数据信息安全

在这个数据流动迅猛的大数据时代,数据的重要性无疑正随着社会网络信息管理技术的发展而不断提升。国家越来越重视数据的安全存储问题,同时也增加了数据安全方面的投入,这对我国的数据信息安全起到了关键作用。对于一个机场的发展来讲,处理信息数据已经同处理客户一样重要。智能化和数据化的时代背景下,数据信息安全理应在机场的安全建设中占据重要的位置。机场应做好信息安全保障工作,建立健全信息安全保障体系,以防范化解各种信息安全风险,提升信息安全保障能力,保障公共安全、国家利益和公众权益。机场需要加强信息基础设施的网络安全保护,加强数据保护和信息安全工作,落实关键信息基础设施保护责任,制定信息安全相关标准,构建独立、可控、安全、可靠的行业信息基础设施体系。同时也需充分考虑系统安全风险和冗余度,做好备份计划,编制应急预案,确保信息系统的连续、可靠、稳定运行。

机场在数据信息安全方面的管理可能出现以下问题[9]。

(1) 员工管理不到位。Verizon 发布的《2022 年数据泄漏调查报告》中指出,高达 15%的安全事件与被授权用户的滥用有关。在当前大数据环境下的数据管理活动中,云服务提供商的内部用户对云服务器(Elastic Compute Service, ECS)拥有扩展访问权,可以随意获取用户的敏感数据。如果公司对员工管理不善,就会为了自己的利益损害用户个人数据的安全,从而导致严重的数据安全问题。为了维护客户的信息安全,必须从两个方面着手:管理和技术。技术层面和管理层面的良好协作是实现信息安全的有效途径。在管理层面,通过构建信息安全管理系统来为信息安全保驾护航,而技术层面的信息安全则通过建立硬件安全的主机系统和软件安全的网络系统以及配备合适的安全产品来实现。

(2) 数据安全管理体系并不完善。在数据治理方面,我国仍然缺乏完善的行业标准,主要是:①缺乏有效的数据治理框架。对收集到的用户数据没有明确的分类体系和敏感度分类，导致行政单位无法有效管理数据；②缺乏匹配技术发展的行业标准。虽然中国已经制定了地方性的数据保护标准，如《软件及信息服务个人信息保护规范》，但这些标准并不完全适用于当前的技术背景，也不具有可执行性，如与第三方共享用户的个人数据、跨境存储和传输用户数据等方面，需要进一步发展；③缺乏有效的操作流程。应该为电子和非电子系统的数据和信息管理流程制定明确的操作指南，这也有利于监督的顺利实施。

(3) 数据保护系统还没有有效到位。目前，黑客攻击企业或公共部门数据库的案例屡见不鲜。然而，当前云计算技术概念与过去完全不同，因此，当前云计算架构的安全模式和标准与过去的安全标准不兼容。

在管理层面上，机场的数据安全治理工作应依托本单位数据治理组织架构开展。单位数据管理组织总体负责本单位数据安全工作的统筹组织、指导推进和协调落实，其数据安全工作内容宜包括：

(1) 制定、发布和维护本单位数据安全管理制度、规程和细则。

(2) 组织开展本单位数据安全分级工作，将通过审议的数据安全分级进行全单位审批发布。

(3) 制定、签发、实施、定期更新数据隐私政策和相关规程。

(4) 监督本单位内部以及本单位与外部合作方数据安全管理情况。

(5) 在数据服务或相关信息系统一线发布前组织开展数据安全评估。

(6) 公布投诉、举报方式等信息，并及时受理数据安全相关投诉和举报。

各业务数据管理组织负责落实数据安全制度及措施，其数据安全工作内容应包括：

(1) 根据单位数据安全相关策略和规程落实本业务数据安全控制措施。

(2) 负责本业务所辖数据的安全分级工作，并将本业务数据安全分级提交单位数据管理组织审议。

(3) 经授权审批程序后，为获得授权的各相关方分配数据权限。

(4) 对本业务所辖数据脱敏，对对外提供数据等关键活动的数据安全控制有效性进行确认。

(5) 配合执行数据相关安全评估及技术检测等工作。

(6) 处置本业务有关数据安全事件。

此外，单位数据安全工作组负责监督和评价各业务数据安全组的管理情况，其数据安全工作内容应包括：

(1) 根据本单位数据相关业务实际情况，确定相应审计策略，包括但不限于审计周期、审计方式、审计形式等内容。

(2) 数据安全政策、方针的执行。

(3) 协助数据管理组织审议各业务数据管理组织提交的数据安全分级的合理性。

(4) 数据安全内部审计和分析、模拟攻击性访问、漏洞检测等工作，发现并反馈问题和风险，并对后续相关整改工作进行监督。

在进行机场信息安全建设时，需要考虑以下方面。

（1）基础设施安全：包括智慧机场建设系统相关服务器、网关设备、安全设备、终端、机房等基础设施的物理环境安全与基础设施运行环境安全。基础设施物理环境安全方面，主要包括信息系统物理位置的选择、物理访问控制、防盗窃和防破坏、电力供应、电磁防护等。基础设施运行环境安全方面，包括服务器、信息安全设备、终端等信息系统相关设备的安全防护，主要涉及服务器安全防护、网络设备防护、信息安全设备部署及使用、终端计算机安全防护、其他信息技术设备安全防护。

（2）通信网络安全要求：如网络边界安全、网络资源安全、网络通信安全、接口安全等。

（3）应用安全要求：如身份鉴别、安全标记、访问控制、安全审计、剩余信息保护、安全通信、软件容错、资源控制、防范攻击等。

在进行机场数据安全建设时，需要从数据采集、传输、存储、处理、交换、销毁等全生命周期环节出发，对数据安全的关键技术进行规范。

（1）数据采集：数据采集标准用于将数据标签、数据采集格式、数据审查校验等方面的相关技术要求规范化，有效提升数据质量，主要包括数据清洗比对、数据质量监控等标准。这一阶段需要采取的安全措施应包括下列内容：①定义数据采集的目的和用途，明确数据来源和数据采集范围；②合法性和合规性原则，确保数据收集的合法性、合规性和必要性；③对收集的数据进行分类，并针对不同级别的数据实施相应的安全管理策略和保障措施；④制定收集数据的清洗、转换、加载等操作规范，明确操作方法、手段，并做好备份工作，避免操作过程中出现数据遗漏、丢失等问题。

（2）数据传输：数据传输标准用于规范数据传输过程中可以标准化的功能架构、安全协议及其他安全相关技术要求，主要包括传输完整性保护、数据加密传输等标准。这一阶段需要采取的安全措施应包括下列内容：①敏感数据传输至目标系统前，应确保目标系统具备与当前系统相当的安全防护能力；②对敏感数据传输信道进行加密；③在通过互联网、外部系统等传输敏感数据时，应使用虚拟专网等手段确保传输安全；④采用设备冗余、线路冗余等措施确保数据传输可用性；⑤采用负载均衡、防入侵攻击等安全技术或设备来降低数据传输网络的可用性风险；⑥传输通道建立前，应对通信双方进行身份鉴别和认证，确保数据传输双方可信任；⑦数据传输过程中实施数据完整性校验。

（3）数据存储：数据存储标准用于规范存储平台安全机制、数据安全存储方法、安全审计、安全防护技术等相关技术要求，主要包括数据库安全、数据安全审计、数据防泄漏等标准。这一阶段需要采取的安全措施应包括下列内容：①对数据存储设备和系统进行必要的安全管控，包括设备操作终端的鉴权机制、系统的访问控制、系统配置的安全基线等，并定期进行安全风险评估；②不应因存储形式或存储时效的改变而降低安全保护强度；

③对数据存储区域进行规划，将不同级别的数据分开存储，并采取物理或逻辑隔离机制，对不同区域之间的数据流动进行安全管控；④建立数据容灾备份和恢复机制，做好数据容灾应急预案，一旦发生数据丢失或破坏，能够及时监测和恢复数据，保障数据资产安全、用户权益及业务连续性；⑤民用航空关键信息基础设施运营商在中华人民共和国运营过程中收集和生成的个人信息和重要数据应存储在中国境内；⑥处理达到国家网络信息部门规定数量的个人信息的相关处理者，应将在中华人民共和国境内收集和生成的个人信息储存在中国境内；⑦因业务需要确需向境外提供服务的，按照国家网络信息部门的规定提供会同国务院有关部门制定的办法进行安全评估。

（4）数据处理：数据处理标准用于规范敏感数据、个人信息的保护机制及相关技术要求，明确敏感数据保护的场景、规则、技术方法，主要包括匿名化、数据脱敏等标准。这一阶段需要采取的安全措施应包括下列内容：①依据数据保护的法律法规要求，明确数据使用的目的和范围；②遵循最小化原则，提供数据细粒度访问控制机制；③遵循可审核原则，记录和管理数据处理活动中的操作；④应对数据处理结果进行风险评估，以避免可恢复的敏感数据。

（5）数据交换：数据交换标准用于规范数据安全交换模型、角色权责定义、安全管控技术框架，并明确数据溯源模型、过程和方法，支撑包括数据交易在内的各类场景下的数据安全共享、审计和监管，主要包括安全多方计算、同态加密、数字签名、数据溯源等标准。这一阶段需要采取的安全措施应包括下列内容：①对共享数据的使用目的、内容、传输方式、使用时间、技术防护措施等进行规定；②对数据使用后的处置方式等进行安全影响评估，并留存相关记录；③数据与单位外共享时，应与数据接收方通过合同协议等方式，明确双方在数据安全方面的责任及义务，并约定共享数据的内容、用途和使用范围等；④定期对共享的数据进行安全审计；⑤配套建立应急响应机制，必要时及时中止数据共享。

（6）数据销毁：数据销毁标准用于规范数据销毁和介质销毁的安全机制和技术要求，确保存储数据永久删除、不可恢复，主要包括数据销毁、介质销毁等标准。这一阶段需要采取的安全措施应包括下列内容：①制定数据存储介质销毁操作规程，明确数据存储介质销毁场景、销毁技术措施，以及销毁过程的安全管理要求，并针对已被共享或使用的数据制定数据存储介质销毁管控规程；②明确数据销毁效果评估机制，定期对数据销毁效果进行抽样认定，通过数据恢复工具或数据发现工具进行数据的尝试恢复及检查，验证数据删除结果。

在强调信息安全治理的重要性的同时，不应忽视信息安全技术的作用。机场的数据和信息安全管理措施的实施应以信息安全技术为基础。根据机场的实际情况，技术的实施一般可以在以下六个方面进行[10]。

（1）物理安全控制：包括弱电小间机房门禁系统、视频监控设备、设备物理锁等。

（2）网络边界保护：鉴于机场网络环境的复杂性，有许多与驻扎单位、服务提供商和互联网的接口，有必要加强网络周边保护措施，如安装防火墙、入侵检测装置等。

（3）航站楼安全控制：大型机场可能有数以万计的终端，只有在终端进行有效的安全控制才能解决信息安全事件的根源，可以采用媒体访问控制地址（Media Access Control Address，MACA）绑定、域身份管理、桌面管理系统等手段实现终端访问控制和行为控制。

（4）病毒防护：使用统一的防病毒软件，以简化系统维护和更新。

（5）加强设备安全：定期评估和加强设备的安全性，如禁用不必要的服务、划分安全域、采用强制密码策略。

（6）冗余备份：机场运营对信息系统的高度依赖性要求信息系统具有高度的稳健性和快速恢复能力，这就需要适当的系统备份，包括多主机备份、紧急备份系统、存储备份等，以便在灾难发生时迅速恢复系统和运营。

为了实现机场信息系统的快速恢复能力，还需要为机场信息系统编制业务连续性计划，以便在信息系统出现问题的紧急情况下快速恢复系统，确保“零”业务中断。业务连续性计划的编制可分为以下四个步骤。

（1）建立业务保证目标，如机场可接受的数据丢失程度、确保信息系统业务运行的最低要求等，以确定机场信息系统保证目标。

（2）开展业务相关性分析，分析关键信息系统故障可能导致的机场业务损失、关键信息系统业务暂停的最大容忍时间、信息系统的业务相关性、机场业务相关性等，建立机场信息系统业务关键性文件和业务相关性文件。

（3）分析业务恢复优先级，包括机场业务恢复优先级、信息系统业务恢复优先级等，确定机场信息系统业务恢复优先级清单。

（4）编制应急恢复计划，包括应急恢复措施、相关通知流程和实施流程、必要的软硬件设施支持等。

5.2　非飞行区安全建设方法

5.2.1　消防防控技术

在机场非飞行区的消防安全建设中，应当积极推进智能消防建设。所谓智能消防，是指以信息集成平台为基础，以人工智能为核心，以物联网、云计算、大数据等先进信息技术为支撑，所构建的新型消防管理系统。数字计划的顺利实施和精确管理的顺利开展是智能消防建设的两个发力点。

智能消防系统管理平台是智能消防安全架构的重要部分。管理平台主要由两部分组成：一是网络平台，即以信息技术手段、设备和信息技术软件为支撑，建立的民航消防安全综合管理网络平台，其由民航企业官方网站以及各部门信息终端、微博、微信公众号和微信小程序等组成。该平台旨在将各职能部门独立管理的火灾自动报警系统联网，并集中于同一平台，从而集成了接收、处理报警信息等功能，提高火灾报警处理的效率以及智能化消防管理的水平[11]。在该子平台上，可以获取相关建筑消防设施所对应的物联网远程监控信息，从而监测消防设施的实时运行状态，实现消防设施联动系统的远程控制功能。该子平台的数据还能连接到机场总控的消防安全云平台，子平台用于消防管理监督，总控云平台用于消防监控设施设备的集中监管，从而通过总分的形式，实现消防安全的集中管理和分布式监管。二是组织平台，即以消防安全管理中心为核心，由民航企业内部各具体职能部门参与的管理系统。在这个系统中可以实现具体的应用功能，包括维护消防基础设施和设备，培训和锻炼消防人员，监督消防、灭火和救援任务等。另外，还可以实现数据分析功能，即通过全面录入并分析与消防工作相关的大量数据集，掌握、跟踪消防隐患和消防维护，实现全方位的综合培训和监督管理。这将极大地提高消防安全的整体管理水平，并可对责任区的消防设施运行情况进行 24 小时监控，从而满足民航企业消防安全管理具体环节的实际需要。

一个功能完备的智能消防系统管理平台可以集成系统监控、设备巡检、视频监控、统计查询、消防助手等功能，从而实现如下业务。

(1) 消防信息管理：管理联网单位信息、资产信息和人员信息。

(2) 远程监控：系统通过现代网络技术将联网单元所有相关消防设施的运行情况实时传输到智能消防平台，实时监控所有联网单元的消防设施运行情况，有效管理消防设施的非正常使用。

(3) 数据显示：个人电脑、手机、大屏幕上的数据显示。

(4) 执法管理：执法警察管理执法记录。

(5) 区域分类：系统中主要针对不同的单元、不同的区域、不同的建筑物等设置不同的等级分类。对高风险、高人流的场所和区域进行特殊标记，并与一般区域区别对待。

(6) 视频联动：通过智能消防平台与视频监控系统连接，统一监控。

(7) 电气火灾监控：通过相关电气火灾监控设备，对各电路回路进行监控，确保回路正常运行。一旦电流和温度超过正常范围阈值，系统将触发报警机制并将相关信息推送到智能消防平台。

(8) 消防水系统监测：通过相关物联网传感器监测水位、水压等关键参数，确保相关数据在正常范围内。同时，实时监测消防水系统电源的电流和电压，确保供水系统正常运行。

(9) 数据分析：机场消防大数据不仅包括建筑结构信息、消防设备数据、机场消防救援力量等静态数据，还包括物联网的实时监控数据、人员流量、拥堵路况等动态数据。通过对系统中所有联网单元的长期不间断的运行状态统计，对联网单元的数据进行筛选、分类、研究和判断，并支持报表导出功能，实现对各种数据的关联挖掘和实时分析，从而实现隐患的早期发现、故障的及时预警，发生灾害时的准确报警，帮助消防队正确判断消防安全情势，有效保障机场内消防安全。

(10) 信息发布：通过客户端将相关信息实时推送到各联网单位，发布信息，及时传达国家和当地政府相关政策，提高联网单位的防火意识和消防安全水平。

(11) 虚拟现实(Virtual Reality，VR)全景：利用 BIM 技术对联网单元的建筑防火等级、火灾负荷、可燃物火灾特性等进行标定和综合分析，在火灾发生时及时提供相关信息，为应急救援提供及时有效的消防和人员救援预案。

同时，人才也是智能消防建设的关键力量。智能消防管理系统需要一支更专业的消防人才队伍的支持，以确保整个智能消防系统能够实现综合管理、运行监控、消防预警、辅助决策、运维服务等综合性、多维度功能。为了保证智能消防人才的输入、有效建立智能消防管理团队，机场可以采取以下具体措施：一是建立机制，吸引智能消防系统建设所需人才。机场应高度重视智能消防系统建设，逐步与消防科研院所、地方高校建立合作关系，畅通人才引进渠道，提高人才引进门槛，吸纳更多与智能消防系统相关的高素质专业人才，从而在一开始就直接管控优秀消防队伍的建设。二是做好初期消防管理人才培养工作。采取以激励为导向的考核机制，实现消防人才队伍的进一步成长和发展。对现有的消防安全管理人才进行培训，帮助他们快速成长，对智能消防安全管理的具体内容有更全面的了解和认识，从而更快地适应当前实际工作的需要，共同推动智能消防安全建设的进程。最后，对全体员工进行消防安全培训。消防安全绝对不是一件小事。每个人都应该主动成为消防安全的倡导者。所有机场员工都应该接受智能消防管理的实战培训，以确保在发生意外火灾时最大限度地保证消防安全。

在智能消防平台中，根据角色划分和管理员设置，通常可以划分为四个角色：管理员、平台操作员、值班警察和联网单位。每个角色的职责如下。

(1) 管理员：平台管理员是智能消防平台的顶层管理人员，主要负责智能消防平台内部数据的添加、删除、修改、查询等操作。他们主要负责系统管理员的职能。任何有关新增用户或者增添关键数据的操作都需要通过该平台管理员账户进行操作和执行，其主要负责系统监控业务。

(2) 平台操作员：具有一般操作员权限，仅具有报警接收、故障等数据的报告和处理权限，主要负责查询统计业务。

(3) 值班警察：一般情况下，他们被分配了移动 App 权限，可以接收平台推送的信息，并可以根据现场巡视的结果分配消防检查和整改任务。值班警察终端设备能够支持现场条件拍照、录音、录像等操作，负责设备巡检和视频监控。

(4) 联网单位：联网单位的终端用户可以接收来自平台的信息推送，以及消防巡逻任务的处理和查看，并负责消防助理业务。

另外，机场应创新消防安全管理机制，通过多级消防监控，利用统一的消防监控系统，结合消防管理和资源配置的现状,将辖区内的建筑划分为网格,构建全覆盖、无盲区、多层次的消防网络,实现安全管理模式从个体依赖到群体依赖,从单一防线到四道防线,从以人防为主的管理模式到“人防 + 技防”结合的安全管理模式的转变。应急响应级别从高到低分为四级:火灾、火险、火情和火警。相应的响应机构为政府消防救援大队、机场消防救援大队、志愿消防队和区域消防员/楼宇消防员。结合机场的实际情况,机场相关部门应编制适合不同火灾级别的灭火评估标准和火灾应对方案。对不同级别的人员,特别是能接触第一现场的区域消防员和楼宇消防员应进行培训,使他们能够正确评估火灾级别,并在第一时间对火灾事故采取适当行动。建立机场消防安全监控系统的主要目的是实现消防安全的数字化管理过程,主要体现在以下五个方面:第一,实现对消防设备、消防应急预案、消防培训、施工图纸等消防安全管理档案的数字化管理。第二,通过物联网传输终端和物联网智能终端实现对消防设备状态的数字化数据采集。第三,对消防员、维修企业等人员的日常检查和维护工作进行数字化监控和管理。第四,对重大火灾隐患实行“发现—整改—核验”的闭环管理顺序,留下痕迹。第五,实现火灾报警接收和处理数据、事故信息、事故调查等应急救援工作的数字化记录。

5.2.2 不安全事件监控

机场非飞行区的不安全事件主要涉及航站楼安全管理、运行指挥管理、机场应急响应、信息安全管理、电力能源安全、施工安全管理、消防安全管理和危险品运输管理等多方面。

机场不安全事件监测的重点是找出事件的原因,特别是系统和组织方面的缺陷,进而研究对策,实施纠正措施,做到能够及时识别危害,提升风险管理水平,完善文件管理的制度体系。

机场应建立不安全事件管理系统,输入、处理和输出与不安全事件相关的各类信息。考虑到我国机场管理模式的特殊性和机场安全管理系统的具体要求,在进行模块设计工作时应将网络安全管理平台与信息交换共享系统相结合,在网络办公和信息交换共享中互不干扰。属于同一机场管理集团的机场子公司之间可以免费交换信息,机场和驻场单位可以通过协议有条件地交换信息。系统可以实现[12]:

(1) 事件信息管理:收集机场的不安全信息并进行分类。不安全事件由机场工作人员或驻地实体通过在线报告程序向机场管理层报告,其他未报告的不安全事件由安全部门工作人员输入系统。事件报告管理模块主要用于查询、修改和删除由系统自动生成的事件报告。

(2) 调查过程管理:安全管理部门应利用事件管理方案产生的事件报告启动调查和分析程序,及时分析事件原因,确定责任方。调查结束后,系统自动生成事件调查报告,并将其存入数据库。

(3) 风险管理:通过对不安全事件调查结果的相关性分析,可以准确识别机场的危险,并应用各种科学方法,如风险矩阵,对机场风险进行定期评估。如果风险评估的结果表明需要采取某些控制措施,系统将根据评估建议和相关的机场安全管理要求向管理层提出一套风险控制方案。风险管理小组应对照风险控制能力、风险控制效果和成本效益指标对风险控制方案进行二次评估,每项指标应根据机场情况适当加权,形成适合机场情况的风险控制方案和风险控制报告,并由相关部门在最终控制方案的基础上进一步开展实施和监督工作。

(4) 统计分析和查询:可以对系统数据库中的相关安全信息和报告进行查询和统计分析,按时间段、事件严重程度、事件类型等进行统计和趋势分析,并具有报告输出和打印功能。

(5) 信息共享管理:它由两个子程序组成,一个是信息检索程序,用于在数据库中搜索所有常见的安全信息;另一个是报告程序,由机场子公司向集团公司提供定期安全信息报告,并报告机场的紧急风险。机场子公司具有相同的信息共享地位,每个子公司及其员工都可以在其用户权限范围内访问安全信息。机场驻场单位自愿参与信息共享过程。驻场单位应向机场提供与其运营区域有关的机场安全信息,而机场应及时向驻场单位提供有关未知机场风险的信息。在发生紧急情况或未知威胁时,有关单位应在12小时内通过信息交流程序以快速警报的形式传达有关事件或未知威胁的信息。

机场管理机构在调查已发生的不安全事件时,应事先明确不安全事件的调查程序。机场针对不安全事件的调查应秉持独立、公正原则。安全经理负责组织不安全事件的调查,并启动相应的调查程序。在调查不安全事件时,应使用系统安全、风险管理和人为因素等理论,结合如统计分析、趋势分析、模拟测试、成本效益分析、专家访谈等各类方法。不安全事件调查员应接受不安全事件调查培训,具备被调查的不安全事件所涉及的专业知识和技能,实事求是、客观公正地履行职责和权力,确保调查质量。未经授权,不得泄露不安全事件调查情况,与不安全事件有直接利害关系的人员不得参与调查。在完成不安全事件调查后,责任单位应向安全管理部门提交整改计划,安全管理部门相应也需要跟踪整改计划的进度,以确保整改计划的有效实施。机场管理机构应按照不安全事件调查程序的规定,公布调查结果,并及时修订和完善安全政策、安全目标、规章制度等。

5.2.3 空间布局和旅客动线

在空间布局方面,非飞行区应实行分区管理,各区域应根据需要设置封闭管理、安全检查、通行管制、报警、视频监控和防爆等安全保卫设施,对连接公共活动区和机场控制区的通风道、排水道、地下公用设施、隧道和通风井等也应进行物理隔离,并对隔离设施加以保护，防止未经授权人员和物品非法进入机场控制区。

航站楼内的布局应视野开阔、合理，从而尽可能减少有可能隐匿危险物品或装置的区域，便于安全检查，同时航站楼旅客流程设计应做到国际旅客与国内旅客分开，国际到达、出发旅客分流，国际、地区中转旅客再登机时二次安全检查。此外，航站楼内应设置安全保卫、应急疏散等标识，标识应置于明显位置。

所谓“动线”是指旅客、行李、服务和信息的流动路线。在非飞行区内的动线主要有旅客流线（包括出发旅客、到达旅客、要客三种流线）、行李流线、员工服务流线和情报信息流线四种类型。动线设计的基本原则是各种流线的运作要持续畅通，旅客流线、行李流线和服务流线不交叉碰撞；旅客流线要直接明了，便于管理；行李流线要安全高效；服务流线要快捷高效；情报信息流线要迅速准确。动线的布置在非飞行区的安全建设中也占有重要地位，在动线的布置原则中，有两点与安全关系较大。

（1）动线无干扰。区域广播与航站楼广播，登机广播与区域广播，员工服务沟通与广播等要清楚、清晰、无扰，从而在传递安全信息时能够做到及时、有效。

（2）动线无死角。为了确保乘客行李的安全，特别是托运行李的安全性，行李动线的监控应无死角。无死角的行李移动过程可以使旅客放心交付行李，从而降低客舱服务的行李压力，消除或减少行李在舱门托运时所带来的安全风险或航班延误压力。

5.2.4 行业安全数据和安全信息管理

在机场非飞行区的数据安全建设过程中，应如本书所述建立安全管理信息系统，对安全信息进行分类管理。从信息来源的角度来看，安全信息主要可以分为以下两类[13]。

（1）机场内部安全信息：①经由相关业务部门所提交的日常运营报告；②员工反映的安全生产建议；③机场内部安全监督发现的问题、不安全事件报告、员工自愿提交的报告、事件调查过程中发现的问题等；④风险分析报告、岗位基本安全风险评估文件、综合安全风险管理文件等；⑤其他与机场安全相关的信息。

（2）机场外部安全信息：①国际民航组织有关机场安全运行的文件、手册和程序；②国家安全相关法律、法规和各种通知、通报和指示；③民航业关于机场安全运行的法规、规范性文件和标准；④机场所在地有关地方人民政府关于安全生产的法规、规章、通知、通报和指示；⑤中国民航安全信息网所提供的相关信息；⑥中国航空安全自愿报告系统提供的机场相关安全信息；⑦其他国际和国内组织、机构或媒体关于机场安全运营的理论、经验教训和研究趋势。

安全信息管理的目的是通过建立畅通的信息渠道收集安全信息，为不安全事件调查、安全监督审核、风险管理、安全目标等安全活动提供依据，实现信息共享，促进安全管理体系建设，避免和减少事故、事故征候和不安全事件的发生。通过对安全信息的分析和利用，安全信息管理可以实现以下功能[14]。

（1）识别系统中的危险源：危险源是一种可能导致伤亡、设备或结构破坏、造成物质损失或损害既定功能能力的条件或事物。它是整个社会和技术系统中一个潜在的薄弱环节。危险源可以通过实际的危险事件（事故或事故迹象）或通过各种预防和预测过程（如安全审计、自愿报告系统、飞行数据分析等）来确定。

（2）控制当前安全形势：通过收集、分析、评估生产和活动数据以及各种危险事件的信息，安全管理人员可以监测行业或公司的整体安全状况和趋势，以及系统中可能存在的重大安全漏洞，从而采取适当的行动加以改进。

（3）防止类似事件再次发生：通过分享和交流安全信息，航空公司可以从彼此的错误中学习并避免这些错误，从而为提高整个民航业的安全作出贡献。

（4）提高安全管理决策的科学性：信息驱动着整个机场安全管理系统，是决策者成功决策和计划的基础。通过不断完善安全信息的管理，可以在系统偏离原有运行点的时候，尽可能地发现风险源，从而制定出更科学、更详细的缓解策略，促进机场安全管理的改进。

机场管理机构应当按照国家和民航局的有关规定来制定安全信息管理制度。安全信息管理制度应规定好安全信息管理的职责分工、信息内容、收集、存储、分析、发布和反馈程序。在机场，应确定客户隐私保护领域的核心原则，并从技术上积极解决客户的隐私保护问题。在开发相关数据的收集技术和系统之前，应解决涉及客户隐私安全的潜在问题，并在整个生命周期内保护客户隐私。在机场运营的全过程中，应首先考虑用户的隐私保护，并采用主动防御技术保护机制。机场应树立客户隐私保护的理念，将客户的隐私安全放在重要的位置。目前，在个人数据保护的管理层面上，存在着个人数据保护意识尚未建立的重大隐患。员工在收集和处理数据时，无法正确理解客户数据的重要性，或者没有建立客户数据优先级的概念，因此无法对客户数据进行分类和处理。因此，机场应加强对工作人员的相关培训，并加强工作人员的客户隐私保护观念。同时，还需要建立安全信息数据库，最大限度地保护信息源，确保及时、充分和准确地收集安全信息，及时分析和研究安全信息，建立个人数据分类系统，根据敏感性对个人数据进行分类和管理，并最大限度地保证高度敏感数据的安全。工作人员往往无法建立用户个人隐私保护概念，因为他们对用户个人数据的重要性没有明确的认识。如果机场缺乏相关的分类系统，这一缺陷将增加。因此，在机场建立个人数据敏感度分级机制，可以进一步保障对用户个人数据的保护，也可以促进员工个人隐私保护意识的建立。此外，机场应提出改进安全管理的措施，确保信息渠道畅通，实现安全信息共享。机场需要积极推动建立机场内部信息自愿报告系统，鼓励员工向 SCASS 报告安全信息。中国航空安全自愿报告系统基于自愿、保密和不受惩罚的原则，任何人都可以通过写信、传真、电子邮件、在线报告和电话等向 SCASS 提交报告。SCASS 收集以下报告：关于飞机运行环境不佳、设备和设施缺陷的报告；关于执行标准和飞行程序困难的事件报告；关于事故、事故征候、一般安全事件以外的事件和报告[15]。

5.3 非飞行区安全建设案例

5.3.1 北京大兴国际机场

北京大兴国际机场于 2014 年 12 月 26 日正式开工建设，并于 2019 年 9 月 25 日正式通航。北京大兴国际机场航站楼面积为 78 万平方米，据中国民航局局长介绍，可满足 2025 年旅客吞吐量 7 200 万人次、货邮吞吐量 200 万吨、飞机起降量 62 万架次的使用需求。2022 年，北京大兴国际机场旅客吞吐量达到 1 027. 76 万人次，同比下降 59%；货邮吞吐量 127 497. 19 吨，同比下降 31. 4%；飞机起降 105 922 架次，同比下降 49. 9%[16]。

北京大兴国际机场全面贯彻落实等级勤务和公安武警联动快速反应机制，全面强化非飞行区巡逻防控、道路交通保通保畅、节日值班备勤等工作，有力维护机场辖区社会治安大局持续安全稳定，认真落实航站楼内“1、3、5 分钟”快速响应机制，对非飞行区重点要害部位开展不留死角、不留盲区的地毯式巡逻，全天候、全方位、全时段持续开展视频巡逻、联合武警武装巡逻、动态巡逻和定点执勤，不断加大昼夜巡逻的密度和力度，提高见警率，有效震慑“黄牛”等非法营运活动，为维护正常交通运输秩序保驾护航，确保机场辖区治安秩序安全稳定。大兴机场还采用了实名安全责任制，保证非飞行区的责任落实到个人。机场内设置安全质量部门，该部门对各生产工作的安全管理提供支持。另外大兴机场设置飞行区管理部门、航站楼管理部门和公共区域管理部门，由这几个部门担负主要管理责任，为机场安全管理提供核心支持，而其他相关部门作为职能支持部门，确保机场整体生产安全业务及相关流程的顺利实施。

大兴机场落实“平台 + 赋能化”理念，持续提升科技支撑能力，强化安全培训和“重新学习”意识，充分运用好人工智能等信息技术，推动安全管理由人防向技防的转变。例如，对于特种车辆，运用各种限位、限动等主动防护和被动防护装置，把新技术的应用着眼点和落脚点放在提高运行安全水平上。同时，做好新功能和新装置的评估，通过信息系统，时刻关注基层“值班现场”“驾驶舱”等工作场所的人员状态、舆论导向、价值取向。积极推动大兴机场完善安全监控，实现远程监控、移动监管、影像监管、巡视监管。强化安全培训效果，让每一位员工都树立“重新学习”的理念，学习规章制度、手册程序，推进操作程序的标准化和规范化。通过制作一些通俗易懂、生动直接的操作演示视频、动画、海报等，提升员工标准化操作意识。建立快速纠偏机制，将典型不安全事件及时快速传达到一线，及时组织案例学习研讨，吸取教训。

大兴机场按照平安机场安全管理体系的要求，持续开展危险源库建设，及时发现危险源、客观评价危险源和有效控制危险源。遵循相关要求，危险源辨识分析时要做到横到边、纵到底、不留死角。因此，大兴机场采用安全检查表、现场观察、座谈、预先分析法、查阅有关资料和记录等方法，充分考虑识别对象正常、异常、紧急三种状态和过去、现在、将来三种时态已出现或可能出现的情况。评价危险源时，大兴机场正确运用 SMS 分析评价法，以《危险源清单》和《危险源辨识评价表》的方式呈现，并不断进行更新完善，形成动态危险源库。控制危险源时，大兴机场主要通过综合检查、专项检查、岗位教育、安全宣传等方式开展。针对重大危险源，制定了专项控制措施和应急预案，确保处于受控状态。此外，大兴机场把作风建设嵌在流程里，持续完善环环相扣、相互监督和提示的流程设计和专项控制措施，完善装卸调度和现场监装的信息复核、清舱环节的双复核以及值班干部的信息传递和现场监管。针对频发的人数不符和行李不符环节，根据机场的运行条件，大兴机场持续完善人数清点双复核、行李运输双复核、机下装机双复核机制，甚至是三复核机制。

5.3.2 北京首都国际机场

北京首都国际机场，位于中国北京市东北郊，西南距北京市中心 25 千米，南距北京大兴国际机场 67 千米，为 4F 级国际机场，是中国三大门户复合枢纽之一、环渤海地区国际航空货运枢纽群成员、世界超大型机场。

北京首都国际机场始建于 1958 年，有三个航站楼，总面积 141 万平方米。1980 年 1 月 1 日，T1 航站楼、停机坪和停车场建成并投入使用；1999 年 11 月 1 日，T1 航站楼拆除翻修，T2 航站楼投入使用；2004 年 9 月 20 日，T1 航站楼重新投入使用；2008 年春，机场扩建，T3 航站楼建成[17]。1978—2018 年，北京首都国际机场的年旅客吞吐量从 103 万人次增加到 1.01 亿人次，亚洲排名第一，世界排名第二。2022 年，北京首都国际机场旅客吞吐量 1 270.33 万人次，同比下降 61.1%；货邮吞吐量 988 674.57 吨，同比下降 29.4%；飞机起降 157 630 架次，同比下降 47.1%[18]。

北京首都国际机场一直致力于信息化工作的研发，目前对于信息技术（Information Technology，IT）系统的建设已颇为完善，在机场安全运行管理的各个方面，都能看到信息服务技术的应用，这也使首都机场的竞争力大大提升。在组织体系方面，机场设置了专门的安全管理委员会，便于管理整体机场信息安全，该机构也为首都机场信息安全工作承担决策职责，安全管理委员会由机场公司副总经理全权负责。在网络信息方面，机场建成了东区网、西区网、园区网和围界安防网等，这些网络设施支撑起机场信息系统的整体工作；同时，它们也承担着不同片区和不同系统之间的数据传输工作。在信息安全方面，首都机场在不同网络之间设置了逻辑隔离，对于内部用户访问控制、监控管理、身份认证等功能起到安全防护的作用。在系统功能方面，首都机场建成了安检系统、面部识别系统、安防系统、企业资源计划（Enterprise Resource Planning，ERP）系统等 200 多个系统功能。在整体运行方面，机场设置了技术部门管理所有信息系统的运行工作，下设多个科室，包括基础设施、ERP、生产信息管理等，各科室分管网络、信息安全、信息系统的工作。

在民航行业，安全始终排在第一位。首都机场地处我国的首都北京，始终贯彻“安全第一”的宗旨，确保机场运行的安全可靠，努力走在我国安全运行、创新探索的前沿地带。随着时代的发展，民航生产领域各类安全保障单位数量增多，各个单位之间的关联也越发紧密，彼此影响，彼此依赖；同时，科技的发展使不同单位的共同运营成为了可能。在这样的时代背景下，首都机场开创了安全共同体的管理思路，各单位共同应对部分难以依靠机场内部资源与管理进行控制与改善的安全问题，推出了“合作有我，安全共赢”等系列安全管理活动，聚合了不同单位的管理经验和管理资源，推动建立“机场安全利益共同体”，共同确保机场的安全运行。

建立“首都机场安全利益共同体”的概念和理念是科学可行的，这样的概念表明了安全即是利益，良好的安全绩效是公司健康、有序、可持续发展的象征。如果没有了安全，企业难以走得长远。同时，这样的理念强调机场应实现共同合作，在机场的安全管理过程中，公司和员工应共同合作，而非单单一方努力，安全管理的概念和目标应该达成共识，而安全利益也应该是共享的。

为规范和提升首都机场信息安全管理工作，首都机场按照《信息技术 安全技术 信息安全管理体系要求》(GB/T 22080—2016)等相关标准，建立了适应于信息安全管理实践的安全管理体系。首都机场的信息安全管理能力和IT风险控制水平在这样的体系下得到了显著的提高。该管理体系包括四级文件。

一级文件：整个首都机场的信息安全政策。从首都机场的全局出发，体现首都机场高层管理人员对信息安全的需求，同时指导整个体系的编制。文件内包含了资讯安全政策、资讯安全管理手册，并经信息安全委员会拟定、修改及批准，是信息安全管理系统架构的总体说明，用以表明信息安全管理系统所设定的目标。

二级文件：各种程序文档。这些程序文档以信息安全为目标，进一步贯彻信息安全政策，并应用于首都机场的各个部门。

三级文件：详细的操作指南。这些文档涉及特定部门的具体工作或制度(运行步骤和方法)，是对各程序文件所涵盖范围工作的精练说明。

四级文件：各类记录文档，包括执行过程的记录和表单，是保证信息安全系统能够继续运作的重要依据，并由各有关单位负责维护。

首都机场信息安全管理涉及所有首都机场的资源以及与机场信息网络建立连接的机构和个人。在信息安全的管理中，必须按照“谁管理、谁负责”的原则进行划分。在遵守上述职责划分原则的前提下，各有关方均统一接受首都机场股份有限公司的管理。首都机场的信息安全管理，涵盖了首都机场的所有管理、运行和使用的流程及活动。在实施首都机场的信息安全管理系统时，严格遵守GB/T 22080—2016所建议的PDCA流程模式，即通过计划(Plan)、实施(Do)、检查(Check)、改善(Act)等方法,建立并持续改善信息安全管理系统。

(1) 计划:将信息安全管理系统项目纳入年度计划之一,评估项目的风险,根据评估结果确定信息安全管理的范围、目标和改进方式,并据此确立风险管理目标。

(2) 实施:依据安全管理实施过程中的风险评价结果,编制风险处置方案,并依据该方案采用不同的技术与管理手段,保证项目的有效实施。

(3) 检查:监控系统的有效性和剩余风险状况,对整个体系实施过程进行定期、系统的评估,并将评估结果报告给上层管理人员及其他有关部门;管理人员根据报告结果以及相关安全事故对安全管理系统的建立和实施情况进行评价。

(4) 改善:管理人员通过对所有评价、审计或审查确认的问题进行改进,防止这些事故情况再次出现,从而持续改善信息安全管理系统。

根据《信息安全、网络安全与隐私保护　信息安全管理体系要求》(ISO/IEC 27001:2022)等相关国际标准,首都机场已形成了与其自身特点相适应的信息安全管理制度,其中包括四级目录、80 多个不同种类的文件,确保能够规范、指导和约束安全信息体系的相关工作。信息安全管理系统的建设对于首都机场的信息化建设具有重要的现实意义。首先,在首都机场的实际运营中,国际标准的实施加强了航空公司的信息安全意识,提高了航空公司的信息安全管理水平,增强了机场工作人员应对突发事件的能力,极大地提高了首都机场的信息安全工作的可靠性。其次,通过实施《信息安全管理体系规范》等标准,可以有效地提升首都机场的信息安全风险管理水平,将安全管理体系、风险评估、等级保护等工作有机串联起来,使信息安全管理更加科学有效。2012 年 12 月,首都机场的信息安全管理系统建成并投入使用,在实施 2 年后就已取得以下成效。

(1) 对首都机场的信息数据进行了全方位的识别,并对其进行了风险管理,使其在一个合理、完整的框架内得到有效维护,保障了首都机场的信息安全和稳定运行。

(2) 加强了首都机场信息系统的总体安全管理,避免了信息安全事件的发生,减少了信息安全事件对首都机场造成的损失。

(3) 加强了工作人员对航空公司信息安全的认识,对其行为进行规范,明确其职责,防止因个人原因对首都机场的信息系统造成损坏,从而带来重大损失。

(4) 保证了机场的竞争优势,提升运营效率,与国际标准相适应。通过对国际、国内的信息安全管理体系进行第三方认证,提升了首都机场的声誉、品牌和客户忠诚度,赢得员工、商业伙伴和客户的信任;并与中国民用航空局空中交通管理局、中国航空集团有限公司、海南航空公司、中国南方航空公司等相关的系统进行连接,为数据共享和协同决策打下了坚实的基础。

5.3.3 深圳宝安国际机场

深圳宝安国际机场(Shenzhen Bao'an International Airport,以下简称“深圳机场”),位于中国深圳市宝安区、珠江口东岸,距离深圳市区32千米,为4F级民用运输机场,是世界百强机场之一、国际枢纽机场、中国十二大干线机场之一、中国四大航空货运中心及快件集散中心之一。

深圳宝安国际机场前身为深圳黄田国际机场,于1991年10月正式通航。2001年9月18日,机场正式更名为深圳宝安国际机场。深圳机场航站楼面积45.1万平方米,其中新航站楼面积为19.5万平方米,机场货仓面积为166万平方米。深圳机场共有188条航线,包括154条国内航线,4条港澳台航线,30条国际航线;深圳机场通航城市139个,包括108个国内城市,4个港澳台城市和27个国际城市[19]。

2003年,深圳机场旅客年吞吐量首次突破1 000万人次。2015年,机场货邮吞吐量首次突破100万吨。2018年5月,深圳机场获“世界十大美丽机场”桂冠。2022年,深圳机场旅客吞吐量2 156.34万人次,同比下降40.7%;货邮吞吐量1 506 955.03吨,同比下降3.9%;飞机起降235 693架次,同比下降25.8%。

深圳机场按照《民用运输机场安全保卫设施》(MH/T 7003—2017)管控机场安全,实现对机场安全形势的全面、可视化管理。深圳机场在其安全管理中心(Security Operations Center, SOC)的引领下,从地面到高空,从人工到科技,从被动到主动,构筑了一个全方位的安全保障体系。为了达到“安全一张网”的目的,深圳机场构建了“1+4”的智能化监控体系(1个1级集中管理系统与4个2级分区管理系统)。在安保方面,深圳机场按照机场四个区域进行了两项整合,首先,是对影像进行改造与整合,将约20个系统的模拟摄影机全部换成数码高清晰度摄影机,使之成为一张视频监控网,能够同时在同一平台上进行可视化。其次,将视频监控、门禁管理、隐蔽报警、围界等与安保有关的子系统集成起来,以达到不同系统之间协同的目的。运用智能的影像分析技术,实现人员布控、行人轨迹查询等功能,实现智能、精准的联动安防。同时,深圳机场通过与公安网络的连接,以“一张网”的方式展现机场全局的安保形势,达到全局可视化的要求。其中,智能安保管理系统是构建“安全一张网”的关键,它将机场各个区域的影像监控、门禁管理、安防警报等子系统进行集成,通过“一张网”可以将非飞行区的监控情况全部展现,从而达到全网共享、全域覆盖、全过程可控的状态。一旦发生任何突发事件,安防人员可以依据监控画面快速定位事故地点、分析事故原因,并采取相应手段。

深圳机场可以实现机场内人口密度的统计分析,并利用该系统实时监测不同区域的人口密度,一旦人口密度超过一定的临界值,就会自动弹出窗口警告,由工作人员根据现场的影像,作出相应的应对措施。同时,机场还将为乘客提供智能化的寻人服务,在机场内的重要路口设置监控，利用面部识别技术，迅速找到目标。比如，如果值机人员发现乘客没有按时登机，可以在系统内调取乘客的行走路线，准确地定位乘客的位置，并通过广播告知乘客登机。若在某些特定条件下未监控到乘客面部，可以根据乘客的衣着、形体、行走路径等进行搜索。此外，机场智能系统还具备三维智能巡航功能，通过 3D 影像，将虚拟和真实场景相结合，实现机场大厅内全天 24 小时无死角智能巡航，对各种突发事件进行实时监控，解决过去人工监管弊端，确保机场运行的安全稳定。针对机场周围的环境，深圳机场采用智能安防系统，将警报、监控、照明、广播等子系统集成在一起，实现了无死角、全时段、自动化的全方位覆盖。同时，采用震动感应器及监控报警技术，能在最短的时间内对系统的异常警报进行监控。该系统对于异常画面识别的范围精度锁定在 3 米范围内，取代了传统的人工监控模式，大大提高了检测的工作效率。

在深圳机场的公用区域，采用了基于三维 GIS 技术的立体全景影像系统，可以把凌乱的监控图像有效地整合在一起，形成机场三维全景监控，一键联动，快速捕捉监控细节。在机场的每一条道路上都安装了 3D 导航系统，将港口附近的监控全部集成在一起，形成全方位不间断巡航的全景影像，让调度员可以随时观察到道路周围的环境。此外，机场还配备了一个离港平台全景监控系统，能够实时监控机场外的出港平台的交通流量，准确率超过 95%，一旦出现交通堵塞的情况，后台管理人员可以立刻进行调度，在减少人工巡查的同时，也能提高整体工作效率。另外，该系统可以在深圳空港的货运区内进行车辆路径跟踪，与终端智能寻人系统一样，通过对进出机场的车辆牌照拍照，可以查询货运区的车辆运行路径，方便在调查违法行为时进行回访和取证。

在新冠肺炎疫情防控期间，深圳机场首创了精准检疫的新模式，与海关、边检及航空公司合作开展了联合防控。在国际航班抵达时，利用大数据技术进行精准的疫情分析和预测，对机场的乘客和工作人员进行实时监控，精准识别和处置高危乘客。在国内率先采用无感知红外线测温装置，实现了对旅客精准的健康监测。深圳机场“指尖”自助申报系统，首次实现了旅客健康信息的线上申报，并与航空公司的旅客信息进行了实时对接，为国内疫情防控工作提供了重要依据；通过对智能航空显示终端设备的改造，对戴口罩乘客进行面部识别的识别率超过了 95%，减少了机场交叉感染的危险，极大地提高了乘客的旅行体验。通过建立的海关视频监控网络，实现了对出入境疫情核验的全方位监控，有效地构筑起了境外疫情输入的电子防线。机场公安的大数据作战训练中心，以大数据技术为基础，为防止境外疫情输入提供了准确的数据支持；通过对视频进行智能分析以及运用远程视频技术，可以有效地促进机场的复工和运行。深圳机场的疫情管理工作取得了世界卫生组织专家组和国务院联防联控十三指导组的高度认可和充分肯定。

深圳机场建设数字化最佳体验机场，以全场景为中心，编织一张安全大网，实现安全品质从量变到质变。通过视频拼接技术、三维融合技术和视频自动分析技术，对安全风险进行主动预警，建立智能安保系统，夯实安全基础。2018—2021 年，三年事故征候万架次率均为零，机场的安保能力在2018第三季度中位居全国首位；在各种智能系统的支持下，风险隐患识别的准确率可以达到95%以上。深圳机场充分发挥了数字技术的作用，通过应用各项智能技术，将疫情牢牢抵御在“空中大门”“第一道防线”之外[20]。

5.3.4 新加坡樟宜机场

新加坡樟宜机场(Singapore Changi Airport，以下简称“樟宜机场”)总面积1 300万平方米，有4座航站楼，其中T1航站楼、T2航站楼各有2个指廊，T4航站楼有1个指廊[21]。

1975年，巴耶利峇机场迁建至樟宜地区，工程开始动工；1981年6月30日，巴耶利峇机场正式转场至樟宜机场；1981年7月1日，樟宜机场正式通航。2022年，樟宜机场旅客吞吐量3 220万人次；货邮吞吐量185万吨；飞机起降21.9万架次[22]。

樟宜机场非常重视安全和安保，并致力于保持最高标准，审查并采用新的先进技术，进行流程创新以改进安检，提升乘客体验。樟宜机场建造了大量自助值机柜台、自助行李托运柜台和电子登机牌扫描设备，大幅缩短了乘客值机时间；在海关检验检疫入口设立自动通关闸门，提高了通关效率。新加坡移民局和海关在樟宜机场推行国际航空运输协会(InternationalAir Transport Association，IATA)提倡的单一身份识别计划(One-ID)，每名旅客仅需匹配一次护照信息和生物识别信息(虹膜和指纹)即可完成身份验证。乘客通过智能手机办理身份验证后，在所有连接点都可以使用面容识别和指纹通过，避免排队。从安全角度看，前置的数据比对能够在旅客入境前就完成入境风险评估，提前管控风险源。在安检处，樟宜机场使用计算机断层扫描(Computed Tomography，CT)安检设备检查手提行李，通过先进的3D屏幕技术的使用，允许乘客在进行安检时将电子设备放在随身行李中。同时，使用毫米波技术检测金属和非金属物品的新型人体扫描仪，提高整体安检效率。

樟宜机场设置应急服务团队，保持24小时警戒，时刻准备就绪。机场应急服务团队负责管理机场应急计划，并负责计划的救援、消防和其他坠机现场操作。机场应急服务团队还需应对机场内非飞行区的其他紧急情况，这包括应对危险品事件或炸弹警告，以及化学或生物威胁，保障机场人员的生命安全，最大限度地减少财产损失，并促进樟宜机场快速恢复正常运营。安全基础设施中的消防车尽量确保在2分钟内(最长不超过3分钟)对机场事故现场作出反应，并在到达后一分钟内控制火势。随后，救援人员将伤员迅速转移到附近的医疗设施。对于地面上事故伤员的抢救和撤离有明确规定：在事故点设立伤员集合区，集合区的伤员必须立刻转移到伤员救助点，伤亡救助点并不是一个临时地点，它的固定位置为机场附近的一个消防站，占地大小约为一个篮球场，地面上用三种颜色分成危重、紧急护理和轻微护理三个部分，危重情况的伤员由直升机运送到新加坡中央医院；

紧急伤员经过包扎救助后送往新加坡中央医院或其他医院接受急救服务；没有受伤的人员将被相关的工作人员运送到机场。伤员救助点是急救的关键，跑道的路线、车位的划分、进出机场的路线都在规定中有详细的说明，各个职工部门在平时演练中也会对此进行专门的讲解。另外，根据国际民航组织关于处理机场周围水域飞机坠毁事件的建议，机场应急服务团队配备了海上救援能力。樟宜机场拥有一支应急资源舰队，驻扎在机场附近的海上救援基地。海上救援基地是新加坡唯一的气垫船运营商，在发生海上飞机事故时运营高度专业化的应急船只和设备。

樟宜机场消防工作由机场应急支援处负责，设有 4 个消防站，各负责 2 个机场跑道、2 个航站楼以及发生海上空难后的消防工作。机场设有专门的训练中心，承担着扑灭火灾的训练。关于空难的处理，樟宜机场遵循国际民航组织的要求：接到突发警情的 15 秒内消防车必须出发，2 分钟内第一辆车必须到达指定地点，全部消防车必须在 3 分钟内抵达。在抵达后 1 分钟内必须扑灭 90%的大火，在 4 分钟内至少救出半数伤员，每个月紧急服务救援中心都需要依照这些标准进行演练。

机场安全单位（Airport Security Unit, ASU）参与实施和维护有效、稳健的安全管理体系，并确保遵守安全监管要求。ASU 的核心职能是确保组织内的所有安全流程保持一致，监控运营团队的安全绩效，管理机密危险识别流程，就安全管理事宜提供指导和建议。其制定的安全管理体系确保各级管理层和员工采用领先的安全和风险管理实践，符合国际和国家标准，以实现最高水平的安全绩效。

樟宜机场致力于建立安全报告流程，以便主动识别和管理可能危及安全或削弱安全防御的危险，机场提供了基于保密系统的在线危险报告应用程序，它为机场用户提供了报告危险情况的渠道，并提供解决危险的建议，对报告安全问题的任何人员信息采取保密措施。

5.3.5　美国奥黑尔国际机场

奥黑尔国际机场（O'Hare International Airport）是美国伊利诺伊州芝加哥市的一个重要机场。奥黑尔国际机场是美国最大、旅客最多的机场，也是世界上最大、最繁忙的机场之一。奥黑尔机场是美国仅次于纽约肯尼迪国际机场、洛杉矶国际机场和迈阿密国际机场的第四大国际航空交通枢纽。1960—1998 年，奥黑尔机场一直是全球乘客吞吐量最多的机场。2022 年，奥黑尔机场旅客吞吐量 6 834 万人次，居世界第四[23]。

奥黑尔国际机场在机场内重要出入口均设有进出控制系统，如重要机房、控制室及工作区的进出通道，这样能有效地阻止非授权人员和车辆的进出。进入不同的工作区域需要拥有不同的权限，门禁系统会根据使用者的手掌形状来判断该人员是否拥有相应权限，同时还会对进入区域的人员进行拍照录像，这样可以保证机场各区域的安全。奥黑尔国际机场的四周,都布置了一道振动感应防御网,防止有不法分子翻墙进入,影响机场安全。一般情况下,机场各区域面积很大,很难通过红外探查将机场范围全部覆盖,而分散式的感应电缆则是最好的选择,因为它可以避免被恶劣的天气所损坏,可靠且稳定。在机场各个重要的部位,都装有红外线防盗装置,另外一些财务中心也都配备了这种设备。分散式感应电缆、红外线防盗装置、后台设备与机场安保中心,共同形成了一套完整的警报系统。一旦出现突发事件,这些警报系统就会立刻发出信号,通知大量的保安和警察,从而迅速平息突发事件。

为了防止现代化的犯罪活动,奥黑尔国际机场在安检设备上安装了 X 光探测器和 3D 立体成像系统,增强了对爆炸物、枪支和毒品的探测能力。一旦发现有可疑物体,立即采取安全措施。

为了降低安全风险,奥黑尔国际机场目前正在研发一款三维 X 射线扫描装置。三维 X 射线扫描装置是一种便携、耐用的原型成像工具,它结合了二维和三维计算机 CT 成像功能,无需打开即可快速准确地检测背包大小的容器或袋子中是否存在爆炸装置和相关组件。它用于快速执行任何类型的 X 射线扫描,大大提高了安检人员在这些危险设备被用于危害公众之前发现并拦截的能力。三维 X 射线扫描仪约重 30 千克,可供一到两名安检人员使用,并可在现场需要时携带到任何地方。该装置可以通过遥控机器人卡车运送到目标容器或袋子中,也可以由安检人员手动推到现场,并且在短时间内组装完成,放置在随附的三脚架和机架上定位使用,也可与笔记本电脑同步进行无线操作。三维 X 射线扫描仪具有许多独特的功能,如果安检人员只需对容器或袋子进行简单扫描,可以利用传统二维 X 射线功能快速拍摄基本图像。但是如果需要更详细的成像,可以根据需要利用扫描架旋转三维 X 射线,拍摄更复杂的图像,如一组(或多组)二维 X 射线、部分三维重建和完整的三维 CT 扫描。三维 X 射线的 CT 扫描能力是其最尖端的特点。当三维 X 射线在 CT 模式下使用时,它的工作方式与医用 CT 扫描仪非常相似,当扫描架围绕容器或袋子旋转 360°时,它可以以不同角度拍摄数百条 X 射线(最多 600 条)。与三维 X 射线相关的软件随后处理这些数据,并快速编译容器或袋子内容物的详细渲染,提供重要信息,揭示炸弹或简易爆炸装置(Improvised Explosive Devices,IED)以及任何相关组件和部件是否可能隐藏在其内容物中。一旦发现可疑物体,系统就会向安全监控中心发出信号,并在同一时刻启动摄像机,以更好地监视现场情况,让工作人员有足够的时间作出应对。

5.3.6 法兰克福国际机场

法兰克福机场(Frankfurt Airport),位于德国黑森州法兰克福市,距市中心 12 千米,是 4F 级大型国际枢纽机场,也是星空联盟的总部所在地。

1908 年,法兰克福机场开始建设;1936 年,它被用作莱茵-美因空军基地;1949 年,转为民用机场；1972 年，法兰克福机场 T1 航站楼正式启用；1994 年，T2 航站楼正式启用。法兰克福机场占地面积 21 平方千米，每年旅客吞吐量约 8 500 万人次[24]。法兰克福国际机场是世界上最著名的机场之一，该机场的安保理念先进，以"没有安全就没有机场"为原则，特别注重运营安全管理和旅客的安全与舒适。2022 年，法兰克福机场旅客吞吐量达 4 890 万人次，同比增长 97.2%；货邮吞吐量 159 671 吨，同比下降 19%；飞机起降 382 211 架次，同比增长 45.9%。

德国是欧洲的航空强国，德国各有关部门在民航机场的公共安全管理方面存在着非常清晰的权责划分，使整体民航行业的管理效率较高。德国民用机场非常注重长期的公共安全管理规划，例如，机场建设指出对于其整体功能与其他机场互补性的考虑，无论是航线的设计，还是整体机场线路的布局，都显示出该系统的整体性和协调性。不仅一个机场整体是一个系统的项目，德国整个交通系统也是互补的，构成了一个完整的体系。在机场的航线设计上，德国还考虑到了高铁、汽车、邮轮等交通方式，从国内到海外的航班都可以同时满足其他交通方式的需求。此外，德国民用航空公司对公共安全管理的法律规定也非常详尽。特别是在机场不同部门的职能划分上，民航有关部门制定了一套《机场运行手册》，严格规范和具体化了工作人员的责任。通过改进和实施《机场运行手册》，法兰克福机场实现了旅客和后勤的畅通。《机场运行手册》明确规定了机场工作员工在站坪区、候机区、商业区、安全责任区、飞行活动区等重要区域应时刻保持安全意识，进行安全操作，同时对机场在安全培训、防范手段、风险管控等方面进行了具体规定。该手册明确了机场工作人员的相关操作，使所有员工的工作方式有所依据，有利于航站楼的稳定运行，同时也明确了安全管理人员的职责。德国民航部门也会根据手册定期评估各机场的管理水平，以此监督机场飞行安全管理情况。如果机场存在违规现象，将视情况轻重采取惩罚手段，若严重违反《机场运行手册》的安检规定，涉事航空公司可能会被停航。《机场运行手册》具有很高的可操作性，把安全工作落实到每个责任人，所有工作人员各司其职，共同推进机场的安全运行。德国民航局在《机场运行手册》审核、修改与执行的过程中，发挥了对机场安全管理的监督作用。

法兰克福机场对安保方面的工作人员进行了细致训练，甚至对训练的时间也进行了严格控制。机场还建立了一套非常严格的考核体系，而且考核的过程非常公正和透明。机场工作人员一旦出现了纰漏，可能会受到严厉的惩罚甚至是被辞退。因为法兰克福机场认为，在挑选安全管理方面员工的时候一定要非常谨慎。另外，机场的安保部门非常重视工作人员的应变能力，在这一项能力的考核过程中，不仅有更严格的测试项目，而且在考核前不提前通知工作人员，这让他们在岗位上时时刻刻都保持较高的安全意识，将隐藏在各个角落的危险都清除掉。

法兰克福机场为确保严格执行安全管理规定，引进了众多先进的自动化设备。其优点有三：一是最大限度地降低了安全管理一些环节中的人为干扰。二是增设了自动报警器，使人为的介入变得较少，相对来说更加智能化。三是在保证安全检查的过程中，有效地减少对其他环节的影响。在降低人员投入的情况下，机场各个职能部门也进行了权责划分，例如在引进了自动监控系统后，可以实现全天候全方位监控，并且24小时有专人在监控室值守，确保了整个机场都在管理人员的监控之下。另外，法兰克福机场工作人员的证件都是用磁卡加密的，每个岗位的工作人员都有自己的权限，每个区域都有一个自动识别的密码系统，可以将进出人员的记录保存下来。在航站楼人员较密集的位置清楚地标明紧急出口、隔离点、消防器材、安检点等重要位置。对行李安检采取分级管理制度，由安检人员进行行李检查，一旦发现有问题，立即将其交由安保工作人员处理，并由广播通知乘客前往工作台进行行李或随身物品的进一步检查，这样既能防止在其他公众面前与乘客发生正面冲突；同时，也能避免乘客在人群集中的地方进行随身检查，更好地保障了乘客的个人隐私，体现了人性化的管理思想。

在新冠肺炎疫情期间，法兰克福机场对值机柜台前的等候区、登机口和安检点以及行李认领处进行了重新安排，以确保乘客可以保持至少约1.5米（5英尺）的距离。在休息区，乘客们之间至少隔开一个座位，同时使用海报、数码显示屏和多种语言的广播公告来提醒乘客注意社交距离，在航站楼周围经过训练的工作人员也会随时提醒乘客。另外，在机场内多处设置有机玻璃护罩，为乘客和需要互动的员工提供额外保护。当前线工作人员因工作性质（如安全检查）而无法保持所需距离时，必须随时佩戴口罩。机场航站楼周围新安装了大量的手消毒分配器，方便人们进行手部消毒，而对于经常接触的物体表面，机场工作人员也会比之前更频繁地进行清洁和消毒。

参考文献

[1] 吴津津，疏学明，胡俊. 机场智慧消防建设中安全管理创新机制探索[C]//中国消防协会. 2020中国消防协会科学技术年会论文集. 北京：新华出版社，2021.
[2] 张媛. 消防安全与应急救援[M]. 北京：经济日报出版社，2014.
[3] 张建强. 消防知识宣传手册[M]. 沈阳：东北大学出版社，2009.
[4] 周久翔. 民用机场突发事件应急管理研究[D]. 太原：山西大学，2021.
[5] 都军霞. 新形势下我国民用机场治安防控工作思考[J]. 智慧中国，2020，54(8)：78-80.
[6] 冀晓宏. 民用机场安全检查设施现状与分析[J]. 中国民用航空，2008，94(10)：60+62+64+66.
[7] 林泉. 航空恐怖主义犯罪的防范与控制[M]. 北京：法律出版社，2015.
[8] 中国标准出版社. 中国国家标准汇编(2010年修订)[S]. 北京：中国标准出版社，2011.
[9] 周逸尘. 国家安全视角下的个人数据保护研究[D]. 兰州：兰州大学，2017.
[10] 熊英. 浅谈机场信息安全管理体系建设[J]. 中国民用航空，2008，95(11)：80-81.
[11] 王艳波. 智慧消防在民航企业的落地与实践[J]. 今日消防，2020，5(5)：10-11.
[12] 王燕青，谢万杰，黎文奇. 民用机场不安全事件管理系统的分析和设计[J]. 中国安全生产科学技术，2010，

6(5):163-166.

[13] 陈燕.面向机场的航空安全信息系统研究[J].计算机应用与软件,2012,29(7):46-49.

[14] 田兆君,周荣义.全国注册安全工程师继续教育培训教材(其他类)[M].北京:气象出版社,2014.

[15] 北京邮电大学互联网治理与法律研究中心.中国网络信息法律汇编[M].北京:中国法制出版社,2017.

[16] 中国民用航空局.2022 年全国民用运输机场生产统计公报[EB/OL].(2023-03-16).http://app.caac.gov.cn/XXGK/XXGK/TJSJ/202303/t20230317_217609.html.

[17] 熊英,王勇,海滨,等.首都机场信息安全管理体系建设实践[J].中国信息安全,2014,(8):96-99.

[18] 张毓书."燕归巢,凤栖梧"中国民用机场添翼大国奋飞[J].人民交通,2019,(15):40-47.

[19] 深圳宝安国际机场.空港简介[EB/OL].https://www.szairport.com/szairport/kgjj/gywm_erji_tt.shtml.

[20] 陈金祖,张立轩,黄飙,等.深圳机场实施数字化转型 打造智慧机场先行示范[C]//中国企业改革与发展研究会.中国企业改革发展优秀成果 2020(第四届)下卷.北京:中国商务出版社,2020:32.

[21] 新加坡樟宜机场[EB/OL].https://www.changiairport.com/corporate/about-us.html.

[22] 樟宜机场 2022 年旅客吞吐量恢复至疫情前 50%[N].中国航空报,2023-02-03.https://ep.cannews.com.cn/publish/zghkb7/html/4902/node_204097.html.

[23] Airports Council International. ACI World confirms top 20 busiest airports worldwide[EB/OL].(2023-07-19).https://aci.aero/2023/07/19/aci-world-confirms-top-20-busiest-airports-worldwide.

[24] 法兰克福国际机场.机场概况[EB/OL].https://www.frankfurt-airport.com/zh/about-us/airport-intro.html.

第 6 章

浦东机场平安机场管理实践

6.1 浦东机场飞行区案例

6.1.1 飞行区 FOD 防控

随着我国民航的高速发展，外来物扎破轮胎、损伤航空器事件时有发生，这不仅给航空公司造成了较大的经济损失，还给飞行安全带来了较大风险。2010 年上半年，浦东机场共计接报航空器扎胎事件 258 起，每万架次起降航班发生扎胎率为 16.3 起。为此，2010 年 8 月，浦东机场开展了为期三个月的 FOD 防控专项工作评估调研，以期得出浦东机场飞行区 FOD 的区域分布和来源。

浦东机场飞行区面积 20.20 平方千米，包括 4 条跑道，分别为 2 条 3 800 米，1 条 3 400 米和 1 条 4 000 米。浦东机场机坪运行环境复杂，驻场单位众多(常驻 19 家)，货运航班量高(2020 年货运量占全国总量 25%)，保障人员(30 000 余人)、设备(13 000 余台)、车辆(4 000 余辆)密集，机坪范围广(340 个机位)等运行特点[1]。机场跑道 FOD 是威胁民航安全运营的主要隐患之一，因此跑道是浦东机场飞行区 FOD 防范的核心区域。另外，根据调研结果，浦东机场 FOD 以机坪为核心源头，逐渐向机坪滑行线和跑道、滑行道扩散，且有“七多四少”的特点，即货机扎胎率远高于客机，外航飞机扎胎率远低于国内航，基地航空公司报告扎胎比例高，重复发生扎胎的飞机多，被扎伤轮胎老化迹象多，扎胎创面多小于 2 厘米。为此，浦东机场决定采取自行管理和委托管理相结合的模式进行飞行区 FOD 防控工作，通过对标国内机场关于机坪防刮碰方面先进管理经验，强化机场统一管理职责，进一步提升浦东机坪防刮碰水平。

自行管理上，浦东机场飞行区 FOD 防控的主要工作由机场运行指挥中心场务保障部承担，其 FOD 防控工作包括跑道、滑行道等的巡视检查、机械清扫、徒步检查等。在巡视检查上，场务保障部每天安排巡视车、巡视员进行适应性检查，并根据区域的不同设置不同的检查次数；机械清扫方面，场务保障部配备有清扫车、拖杆保洁毯等设备，按飞行区各区域的重要程度决定机械清扫的频率。此外，场务保障部会组织保障人员每隔一定时间对飞行区进行徒步检查，记录道面、嵌缝料的损坏情况，并对损坏区域进行维修、销项、记录跟踪等管理工作。

委托管理上，场务保障部委托了专业单位对飞行区非核心区域进行 FOD 防控，包括机坪、服务车道、巡场路的巡视检查、清扫、垃圾清运等，涉及区域约 30 万平方米。由于面积较大，因此委托单位遵循机械保洁为主、人工保洁为辅的原则，每天安排保洁车与保洁员对机坪实施流动保洁。此外，针对机坪 FOD 数量多、体积小、硬度高、危害大等特征，2010 年起，委托单位引入了电瓶保洁车拖挂保洁毯的清扫方式，每周对机坪进行一次全面清扫。在对委托单位的考核方面，浦东机场重视结果导向，兼顾过程管理，启用了三级考评办法，由场务保障部现场监管人员、部室管理人员、运行指挥中心管理人员一同进行量化考核，并规定委托费用与考核结果挂钩，促进了委托单位的积极性。

通过采取自行管理和委托管理相结合的模式，2010 年下半年，浦东机场接报航空器扎胎事件 171 起，每万架次起降航班发生扎胎率为 10.6 起，比上半年减少了 38%。

此外，针对浦东机场 FOD 防控责任主体单一、各单位间缺乏联动机制、无法资源共享等问题，浦东机场还邀请了国内外航空公司、地面航空服务公司、航空油料公司、机坪公安和监察大队等单位的代表一同组建了浦东机场 FOD 防控委员会，明确各种 FOD 防控项目指标（表 6-1）、管理制度、防范协议、工作大纲等。

表 6-1　机场 FOD 防控项目指标

目标	分解指标	指标解释
提升机坪防刮碰水平	周关键违规行为发生率不高于 0.1%（违规行为数量/航班架次）	关键违规行为：机坪航班靠机作业保障过程中出现的违反操作标准（《上海浦东国际机场机坪运行管理手册》、各保障单位操作规范等）的情况
	月关键环节车辆发生故障次数 0 起	关键环节车辆发生故障：机坪保障作业期间车辆发生制动装置或液压装置故障
	月关键环节设备发生故障次数 0 起	关键环节保障设备设施故障：机坪航空器保障过程中与航空器直接接触的保障设备突发故障（航空器牵引杆断裂、工作梯结构损坏）

在 FOD 防范专业团队上，浦东机场对作业人员有严格的岗前培训和定期复训，并在工作区域设置了宣传海报、警示标志等，以提醒工作人员时刻注意 FOD 防范。同时，浦东机场还联合机场监察大队等单位，对机坪违法、违规、违章操作加强处罚力度，以保障各类规章制度的执行效果。

近年来，为顺应技术发展趋势，浦东机场也积极探索 FOD 自动监测系统的建设。“全天候、整跑道、高准度”的跑道 FOD 监测系统是航空安全的保障。因此，2019 年，浦东机场对跑道 FOD 探测系统的建设进行了招标。最终，浦东机场飞行区管理部与中标的探测设备厂商决定以试点的形式，在浦东机场二、四跑道之间的区域选取 2 个点位进行塔架式 FOD 探测系统的建设。通过建设探测系统，浦东机场实现了对跑道的 24 小时实时监控，加强了飞行区的 FOD 防范，进一步保障了浦东机场的安全。

6.1.2　安全生产情况

浦东机场安全情况持续改善，且卓有成效。体现在下列两个指标：一是局方地面事故征候万架次率自 2017 开始连续三年为 0[行业平均水平 0.009（2019 年）]。二是浦东机场内控差错逐年下降，2017 年 17 起，2018 年 8 起，2019 年 2 起，2020 年 0 起。

安全情况的持续改善一方面得益于加强了安全培训,更加关注效果而非次数。进行培训的方式多样,如宣讲团(以“对象分类”方式、“特色菜单”样式,定制宣讲课程),视频课件(可视化开展各类专项主题的“精准培训”),等等,并且注重培训的反馈(运用问卷星平台,实现全员覆盖)。另一方面得益于进行了技术改造,增加设备靠机安全裕度。例如,加装电磁波设备,针对升降平台车,设定 5 米低速、0.15 米自动刹车、0.05 米自动熄火的 3 种防止碰撞的系统干预模式,有效降低因员工误操作带来的安全风险。

为此,浦东机场强化了监督机制,建立自我纠偏和管控机制,利用视频监控降低监督成本,制定安全绩效指标与安全及时奖励制度。

6.1.3 风险管理与隐患排查

浦东机场风险管理和隐患排查分为日常和专项两部分。在风险管理方面,安全管理部每年启动两次,上半年、下半年各一次,规定各单位对未来开展的安全工作要有一个重新辨识的过程,并根据运行环境、业务情况的变化随时启动风险辨识。2019 年,安全管理部在卫星厅安全投运前开展专项的风险辨识,该专项工作持续了 8 个月的时间。针对整个卫星厅的投运准备,以及整个轻载运行,安全管理部实施动态管理,共排查出危险源 150 项,均实施了有效管控,无影响卫星厅投运的重大因素,确保了卫星厅安全平稳投运。隐患排查治理工作,除员工自然上报系统,每年组织还进行专项隐患排查工作。消防的隐患排查治理贯穿全年,除此之外,安全管理部还开展了安全生产月、安全大检查、危险品在建工程、租赁商户等专项排查。

6.1.4 安全生产责任落实工作

浦东机场股份公司坚持“党政同责、一岗双责、齐抓共管”的工作要求,强化责任担当,落实主体责任,坚守安全底线,扎实做好安全生产工作。一是制定了《上海国际机场股份有限公司党政领导干部安全生产责任制实施办法》,各单位均落实了相应的实施办法。二是公司与各部门、单位签订《安全责任书》,并通过安全生产责任制落实体系,将安全生产责任层层分解到科室、岗位。三是按照《公司年度安全工作考核评分细则》,有序开展具体考核。同时,各部门各科室分别按照安全责任清单和安全履职清单进行工作分解,落实到岗位和员工。

6.1.5 安全文化建设

安全管理部在 2019 年形成“1-2-3-4”安全工作方法,聚焦五大安全文化,制作安全小视频、案例分析小册子、安全海报、易拉宝等，开展文化建设工作。安全小视频从 2017 年开始制作，至 2019 年已完成制作 8 个，其内容由部门下属的业务单位合作完成，提升员工培训的趣味性和有效性。2019 年，机电信息保障部出现了一块新业务——捷运，对整个管理制度、管理要求、安全举措方面有了新的要求，通过安全管理部和机电信息保障部合作制作的安全小视频，使员工与旅客了解了公司安全教育培训系统，持续增强了全员安全生产意识，营造了良好的安全文化氛围。

6.1.6　安全管理信息化

为了实现安全管理信息化，安全管理部根据航班运行量、FOD 数据和过往炸胎数据的统计器防炸胎指标设置了目标值和三级预警值，并实时监控各类数据。此外，浦东机场在 T1 航站楼启用了消防物联网系统，该系统以物联网为基础，结合互联网、移动通信等信息技术，可以实现对消防设施设备的远程监控，能够实时掌握消防设施设备运行状态，实现对建筑火灾的预防、预警、扑救和抢险救援行动的信息化、可视化管理，有助于及时发现火灾隐患，提高灭火救援效率。

6.1.7　A-CDM 机场协同决策系统

机场协同决策系统（A-CDM）在近几年得到了国际上的普遍认可，截至目前欧洲已有 40 多个机场推行了 A-CDM，较好地实现了机场、空管、航空公司的信息共享与整合。国内，上海浦东机场是最先开始利用 A-CDM 的大型机场，并依靠该系统大幅提高了运行效率。

A-CDM 能将机场、空管、航空公司等相关方集成至统一平台，以实现机场营运管理的协同决策。A-CDM 通过集成各方数据，并将数据进行共享，来实现各个运营方资源的合理调配，进而提高整体的运行效率以保障航班运行。A-CDM 包含六个核心的元素：信息共享、里程碑节点管理、可变滑行时间、离港航班排序、异常状况下的协同决策流程以及空中交通流量管理的整合。信息共享是 A-CDM 系统的基础。通过一个统一的平台将机场、空管、航空公司的相关信息集成并进行共享，以实现各方对于整体态势的把握。在保障航班正常运行的基础上，提高资源的利用率以及实现航班最大的运行效率。实现信息共享后，就可以根据航班的整个转场运行过程，使用预先定义好的里程碑来推算每架航班的预计推出时间（TOBT）。该时间是航空公司和地面服务保障相关单位共同努力以达成的目标，一旦某个航班无法按时完成转场流程，势必对后续的航班造成影响。通过对航班各个里程碑的监控，可以提早发现转场流程中可能出现的问题，以便提早安排对策。由于飞机的机型、停放位置、起飞使用的跑道不同，飞机在机场的滑行时间也是各不相同，使用可变滑行时间可以更加准确地预测出航班的起飞时间。同时，该时间对于空管是非常重要的，能帮助空管合理优化航路安排，从而尽量减少由流量控制而造成的航班延误[2]。

浦东机场近年来逐步完善A-CDM系统的功能。2017年，浦东机场的A-CDM已经完成第一阶段的建设，对机场内部保障单位数据进行整合。与中国民用航空华东地区管理局和主要基地航空公司建立了数据的交互。浦东机场在第二阶段的建设中将数据共享范围扩大到非基地航空公司和保障单位的45个保障节点，已经进入的信息包括航班运行、地面保障、航班动态、实时流量、雷达、广播式自动相关监视系统（ADS-B）和气象数据等，具备数据共享、运行态势监控、航班监控、资源管理、协同放行和统计分析的功能。信息系统与航班工作协同管理机制相配合，在大幅度提升航班正常性方面发挥了重要作用。A-CDM可对出港航班关键节点数据进行监控，提供更多预见性且可靠的信息，为空中交通流量管理提供支持，如当上午的航班由于恶劣天气延误时，系统能预测接下来的机组人员安排计划，包括航班延误到晚上的情况。航班动态融合航班基础数据、ADS-B、AFTN报文、飞常准、天气等多种数据源，动态预测航班预达时间，并采用智能算法计算航班预达时间，可以更准确、更及时地获取航班预达时间，并将该时间及时发布给其他各个子系统，为地面服务保障人员及时了解最准确的航班数据提供支持。与现在采用的人工校对预达时间方法相比，A-CDM将大大提高工作的准确性和效率。

6.2 浦东机场非飞行区案例

6.2.1 消防安全

1. 浦东机场消防急救保障部职责及基本情况

消防急救保障部主要承担机场航空器及建筑设施的消防灭火工作、残损航空器搬移等应急救援工作、机场内主要建筑单体消防监控工作、为旅客及驻场员工提供院前急救服务、开展机场地区爱国卫生活动、按上级指令对机场周边地区紧急情况下的应急救援、配合机场航空安保委员会完成相关航空安全保卫任务。

消防急救保障部共设九个科室，分别为办公室、财务科、人事科、党群办公室、安全管理科、医务科、设备管理科、战训科、计划经营科。另有八个基层部门，即消防急救指挥室、消防监控大队、特勤大队、东区机坪大队、西区机坪大队、T1医疗急救站、T2医疗急救站、卫星厅医疗急救站。其中各科室主要的职责分工如下。

（1）办公室主要负责公文管理、文秘管理、会议管理、督办管理、档案管理、事务管理和维护维修。

（2）财务科主要负责全面预算管理、工程（基建）项目财务管理、资产管理、财务内控及风险管理、会计核算管理、财务报告及分析、成本费用管理、财务人员管理和内部结算管理。

(3) 人事科主要负责人力资源规划、组织发展管理、干部人才管理、员工关系管理、薪酬福利管理、培训开发管理和人事信息管理。

(4) 党群办公室主要负责党建计划管理、党委事务管理、基层党建管理、党风廉政建设、企业文化建设、宣传工作、精神文明建设和群团工作。

(5) 安全管理科主要负责安全运行规划、安全生产运行管理、安全教育培训、安全督促检查、重大任务保障和控制区证件管理。

(6) 医务科主要负责医疗管理、医疗应急管理、医药设备管理、员工体检保障、服务质量、爱国卫生和驾驶班管理。

(7) 设备管理科主要负责固定资产管理、消防设施管理、车辆管理、技术管理、信息化建设和环境计量。

(8) 战训科主要负责训练计划管理、训练考评管理、战备执勤督查和救援处置保障。

(9) 计划经营科主要负责发展计划管理、采购制度管理、招标采购管理、合同法务管理和资源证照管理。

2. 消防急救保障部运营管理现状

根据浦东机场建设“国内最好、世界一流”及“品质领先”的世界级航空枢纽的要求,结合机场品质提升与四型机场建设的具体要求,从以下方面对浦东机场消防急救保障部的日常运行与管理工作及关键项目进行梳理。

(1) 应急管理。在指挥体系方面,目前形成了规范化、有序化的三级指挥体系,其中以保障部部门领导形成一级指挥体系,以各科室领导形成二级指挥体系,以基层部门的下属小组形成三级指挥体系。在应急管理机制方面,形成了以预防与应急准备机制、监测预警机制、信息传递机制、信息发布与舆论引导机制和应急保障机制的全方位应急管理机制。此外,还建立了相应的应急救援考核机制,对救援过程的各环节进行考核,考评救援人员操作的规范性、自身安全防范的规范性等。

(2) 人才储备与培养。消防急救保障部培养与储备正式职工与干部,其中,一线指挥员主要从大学生中进行培养选拔。劳务工主要为派遣员工,主要从技能方面对其进行训练与培养。消防急救保障部借鉴达拉斯-沃思堡国际机场(Dallas-Fort Worth International Airport)的消防培训模式,立足当前场地实景训练不足的现状,构建了消防应急救援指挥视觉模拟系统。该系统可以不受环境的影响,随时、多次、不间断地进行多种复杂情况下的演练,复原实际救援场景,以供研讨;有利于不断提高指挥决策能力,充分发挥行业岗位培训的主体作用,强化内部培训体系建设,有效保障基层业务骨干和岗位一线人员的培训需求。

（3）组织架构。消防急救保障部设立并强化了119指挥中心功能，部门目前的机构设置是根据股份公司的部门设置而设立的，采用条线管理的形式完成股份公司下达的任务和履行部门职能等。

（4）任务与职责。目前消防急救保障部承担的任务有：承担机场航空器及建筑设施的消防灭火工作、承担残损航空器搬移等应急救援工作、承担机场内主要建筑单体消防监控工作、为旅客及驻场员工提供院前急救服务、开展机场地区爱国卫生活动、按上级指令对机场周边地区紧急情况下的应急救援和配合机场航空安保委员会完成相关航空安全保卫任务。主要履行的职责有：消防急救管理规章制度与综合救援预案编制、医疗设施设备维护与培训，以及掌握消防安全形势与消防救援动态。

（5）消防出警。2019年度消防急救保障部累计出警3 000多次，但只有9次实警。一方面，消防急救保障部共负责10幢建筑单体的建筑消防监控，总计30个消防控制室，管辖的消防面积与范围广泛。另一方面，消防系统比较老旧导致误报警比率较高。然而，从整体角度来看，消防平均故障率较低。

（6）信息传递。浦东机场的消防救援信息的传递流程为：首先，由飞行区设备管理中心将信息发送到指挥中心；其次，由指挥中心所在的指挥室向各站点同时发送命令；最后，消防人员与设备从各站点同时向救援地点集中。在这一过程中，主要依靠对讲系统保持信息的传达与接收，实时通报灾害处置情况。另外，各中队内部有自己的通信系统。从设备角度，机场信息传递渠道为800兆数字集群对讲机，能够满足当前的实时信息传递需求。

（7）部门协同。在应急指挥中心的协调下开展，消防急救保障部与其他部门的工作职责是相互耦合的。消防急救保障主要负责国内旅客，国际旅客主要由海关负责，整体由安全管理部进行统筹协调。另外，在疫情期间，消防急救保障部主要承担了医疗卫生工作方面的职责，其他工作仍需其他部门的共同配合与努力。

（8）管理指标体系。从条线的角度而言，公司对消防保障部有KPI考核体系，主要根据质量体系，职业健康、环境、SMS安全管理体系，将职责分配到各职能科室。以绩效合约指标体系而言，主要包括经营管理、运营、安全、服务、党建及否决（实现安全年）等指标。

（9）信息系统建设。消防急救保障部构建了消防物联网系统、119指挥系统升级、智能仓库系统和消防应急救援指挥视觉模拟系统。具体而言，保障部运用大数据、物联网、无线互联等前沿技术汇聚多方数据构建楼宇消防物联网，尝试在原有楼宇固定消防设施系统的基础上，对火灾系统监测报警、灭火系统监测报警、设施巡检、视频监控、巡更应答、火灾数据收集等管理功能进行智能化集成，初步实现了楼宇消防系统设施设备部件的网络互联互通和智能化升级。在消防急救指挥系统方面，保障部对原有的“119指挥系统”进行信息化升级，实现多渠道接警、楼宇监控信息、航班运行信息、车辆动态信息、预案辅助决策等信息汇集和处理，对消防站点实行一键式联动。在智能仓库方面，保障部遵循专业化支持和规范化管理要求，仓库采用物联网技术，使用有源电子标签、条码（二维码）等对库存物资、器材管理，实现一键式盘点、自动化出入库、扫描识别器材信息，实现消防基层对消防物资器材的快速动态化管理。日常出、入库借助手持设备，通过扫描条码（二维码）方式快速了解装备的基本信息，包括器材数量、参数、保养日期等信息，会自动分配归属库位，当物资库存报警后，系统会自动提示补货请求。对临近有效期期限的物资、临近使用年限的设备，自动发出报废提示；全仓库范围内安装了视频监控系统，实现监控无死角。为了加强智能仓库管理工作，保障部结合智能仓库实际制定和完善了仓库管理制度、仓库管理员职责、仓库管理出入库流程。

6.2.2　航站区管理

浦东机场航站区管理部的战略目标是：打造品质领先的枢纽港，成为超大型卓越运营的典范。主要职责为承担航站区内的运行管理、物业管理、旅客服务保障，相关安全、环境卫生、景观标识等配套设施和服务的管理职能；负责航站区运行中心 TOC 的运行管理，对航站区保障类外包项目进行监管和协调，负责航空公司在楼内的运作，包括值机柜台、行李转盘等航空性资源的分配管理，负责候机楼内建筑物及附属设施，办公用房、商铺柜台的物业管理，负责 P1、P2 停车楼建筑物及附属设施的物业管理；提供候机楼航线、广播问讯、计时宾馆、商务中心、行李寄存、失物招领、自助饮水、手推车等旅客保障类服务管理，负责航站区内其他相关的事项。主要的管辖范围包括 T1、T2 两座航站楼和 S1、S2 卫星厅以及交通中心及三纵三横通道等区域，建筑面积约 152.65 万平方米。其中，1999 年建成通航的 T1 航站楼建筑面积为 34 万平方米；2008 年建成通航的 T2 航站楼建筑面积为 48.55 万平方米；2019 年投入运行的 S1 卫星厅、S2 卫星厅建筑面积共 62.2 万平方米，交通中心及三纵三横的建筑面积为 7.9 万平方米。经营管理现状如下。

（1）安全管控边界：侧重于消防安全管理，主要是一个制度、流程、排查、整改、完善有序循环的管理体系，管理层的角度主要是制定区域消防安全的细则，规范消防安全。

（2）服务管理边界：所有的旅客和驻楼单位，对他们全方位的窗口形象管理。

（3）共建管理边界：包括很多单位，例如联检、公安、交警、航空公司、专业支持单位等，在同创共建平台进行操作。

（4）设施设备边界：土建部分及维护归航站区管理，能源、弱电系统、安检护卫分公司等设备由专业化机构负责。

（5）人事区域化管理对象：分为两类管理方式——契约化管理、网格化管理。契约化管理即与专业支持单位签订的契约，通过 KPI 绩效指标进行管理；网格化管理即按照管理标准划分网格区域，由对应部门完成相应区域的自检工作。

（6）运行区域化管理：飞行区、航站区、场区以物理区域切分为主，通过 KPI 标准来进行管理。

6.2.3 服务质量与标准

浦东机场根据 ISAGO(IATA Safety Audit for Ground Operations)标准要求构建了质量管理体系,实施以过程管理为基础的质量控制计划,以结果为导向的质量保证计划,2016 年开创了国内一家公司两个站点均获得 ISAGO 注册认证的先河,2018 年通过复审,2019 年收到 127 封客户表扬信,获得浦东营运部 2017 年全日空航空机务服务质量评比第二名。

为引导和提升公司各级管理人员管理创新意识,浦东机场搭建了以计划为牵引,以项目制管理为抓手、以年度考核为保证的管理创新平台,引领各部门分析自身业务管理现状,创新管理方法、管理手段和管理模式,以单个中心为单位,或由多个中心联合发起,从资源优化、服务创新、效率提升、技术改造等方面申报管理创新课题。

浦东机场自主研发了生产管理系统,初步实现了运用信息技术实现航班信息处理、进程管控、资源分配调度的目标;引入 Tableau 可视化分析工具,对发现的问题及影响因素及时进行合理管控和调整,优化派工模式,提高运行服务效率。

针对进港行李提交速度较慢且旅客感知较差的问题,浦东机场运用 QC 管理理论制定了对应的改进措施,使靠桥航班 2019 年收件行李达标率达到 91.05%,同比 2018 年平均提高 7.15%。

另外,浦东机场通过智慧服务为旅客提供便利。2018 年 10 月,浦东机场配合股份公司率先在浦东机场国泰航班上实现无纸化登机,旅客凭着国泰航空网上值机二维码和相关证件顺利完成了出境、安检和登机手续。2019 年 7 月,浦东机场积极与虹桥机场各部门协作,简化无纸化乘机办理渠道及乘机流程,配合机场全面推进国内航班的“无纸化”登机。

6.2.4 突发公共卫生事件

公共卫生事件类主要包括传染病疫情、感染物品在储存、运输过程中泄漏等事件,为应对突发公共卫生事件,需要具体分析,统筹应对。组织指挥体系划分为三部分:机场应急委、机场应急办以及机场应急联动中心。

(1) 机场应急委由浦东机场和虹桥机场(简称为“两场地区”)各相关驻场单位负责人组成,主要成员单位包括:民航华东地区管理局、上海机场(集团)有限公司、上海机场股份有限公司、上海虹桥国际机场公司、民航华东空管局、市公安局国际机场分局、浦东出入境边防检查站、上海浦东国际机场海关、上海国际机场出入境检验检疫局、武警上海市总队第三支队、武警上海市总队浦东支队、中国航空油料有限责任公司华东公司、上海浦东国际机场航空油料有限责任公司、中国东方航空股份有限公司、上海航空股份有限公司、上海国际机场航空公司运营协会等。机场应急委主任由上海机场(集团)有限公司负责人担任。

机场应急委各成员单位通过签署《浦东和虹桥国际机场地区应急工作委员会成员单位加入委员会备忘录》,明确机场应急委委员和联络员名单,确定与机场应急联动中心相对接的应急联动部位,并授权上述机构和人员参与机场地区应急管理和应急联动处置。

(2) 机场应急办是机场应急委的日常办事机构,设在上海机场(集团)有限公司安全运行监控中心。机场应急委各成员单位的职能部门负责人作为办公室成员,参与机场应急办工作。机场应急办按照有关要求,健全机构,配备人员。

机场应急办负责综合协调两场地区应急体系建设及应急演练、保障和宣传培训等应急管理。承担信息汇总、办理和督促落实机场应急委的决定事项;组织、检查和监督"测、报、防、抗、救、援"工作;指导、督促两场地区突发事件应急预案和处置规程编制和管理;规范两场地区应急管理相关工作制度;组织开展两场地区突发事件综合应急演练;对口联系市应急办。

应急处置行动中,机场应急办应当派员前往现场指导、观察,并负责召集事后总结会议。

(3) 机场应急联动中心由两场地区设立,作为突发事件应急处置的指挥平台。机场应急联动中心由市公安局国际机场分局指挥中心,浦东机场、虹桥机场应急指挥中心(以下简称"机场应急指挥中心")"三位一体"构成,与各单位的应急联动部位建立应急联动关系。

机场公安指挥中心,对口联系市应急联动中心,是两场地区与市应急联动中心应急处置信息交互平台。

突发事件应急处置中,机场地区突发事件的现场指挥部直接与市应急联动中心沟通信息。机场公安指挥中心派员参与现场指挥部工作,负责现场指挥部与市应急联动中心等的信息沟通,以简化程序,提高效率,实现信息保真。

浦东机场、虹桥机场应急指挥中心,承担浦东机场、虹桥国际机场的突发事件应急处置,负责指挥、调度场内应急联动单位参与突发事件应急处置,组织协调应急现场的即时和先期处置。机场应急指挥中心及时向公安指挥中心通报事件处置情况。机场公安指挥中心与机场应急指挥中心密切配合,互相支持。机场应急办负责搞好机场应急联动中心"一个平台、两个中心"之间的协调。应急联动单位即机场应急委各成员单位。驻场的非成员单位加入机场应急委后,直接成为机场应急联动单位。应急联动单位授权其值班机构或生产调度机构,作为应急联动部位,与机场应急联动中心建立应急联动关系,在预案衔接、通信联系、运作模式等方面,建立一体化、协调化的机场地区应急联动机制。

对突发公共卫生安全事件的预警，在可能情况下，由机场应急指挥中心会商有关主管单位后作出。机场应急指挥中心在应急处置中，对可能进一步严重恶化的突发事件状况，应当按上述程序及时判断、及时预警[3]。

所有驻场单位发生或发现突发事件，立即报告机场应急联动中心，机场应急联动中心根据事件性质和严重程度，通知民航华东地区管理局、驻场空管、航空公司、海关、边防、检验检疫、公安、驻场武警、消防、医疗、运行保障、事发单位等相关单位的应急联动部位，各联动单位按照两场地区应急预案的规定，作出应急响应。

机场应急联动中心按照预案要求，报告机场应急委、市应急联动中心，通报机场应急委有关成员单位，通知事发机场的应急指挥人员到场开展应急处置工作。需要调用本市相关应急资源时，由参与两场地区应急处置的联动单位提出，经现场指挥部总指挥（或其权限代行人）批准后，统一报请市应急联动中心支援。应急处置现场指挥部成立后，即以该指挥部为信息枢纽，进行与各联动单位以及相关上级单位之间的信息沟通，机场应急联动中心作为补充并提供后方支持。

单一联动单位无权，超过处置能力范围，或者采取的应急措施将明显影响机场运行效率和安全保障时，机场应急联动中心即启动机场应急联动机制，为事发单位、人员组织提供应急联动服务。机场应急委成员单位有权且能够独立自行处置突发事件的，由该单位自行处置并承担事件处置责任，同时将信息通报机场应急联动中心。

在新冠肺炎疫情防控期间，浦东机场根据上级部门及上海新冠疫情防控工作领导小组的整体部署，浦东机场协同海关、边检、医院、社区、航司、酒店等单位和机构开展入境排查、通道设置、人员转运、信息登记、现场消杀、航班调节、飞机停靠、秩序维护等防疫相关全流程闭环管理工作。

建立机场应急救援工作领导机构是当机场发生突发公共卫生事件时组织开展应急救援工作的最高决策机构，其根据突发公共卫生事件的具体情况，启动机场应急处置预案，并统一组织开展应急处置管理工作。应急办公室主要负责日常应对工作，编制防疫应急预案并开展日常演练，完善疫情监测预警系统，组织开展日常防疫工作，并负责信息的对外公布和宣传。运行指挥中心负责机场应急控制指挥工作，处理应急信息的汇总和传达，协调医疗物资、人员的运输和调配，及时准确地将信息反馈给应急控制领导机构，维持正常的机场运营秩序。机场医疗机构负责制定防疫措施，实施现场医疗巡视、消杀隔离、卫生宣传等措施，提供医疗专业知识咨询和培训，按照要求做好个人防护，协助设置隔离区和临时机场卫生留验站，对确诊或疑似病例进行医疗救护及转运工作，协调上海市疾病控制中心、卫生主管部门、医院、隔离点等部门和单位开展防疫工作。旅客完成入境检疫筛查并提交健康申报后，由边检工作人员对入境人员的证件、无犯罪情况、行李或载运的货物进行检查。海关负责旅客的出入境办理，每位旅客入境后都需要按照防疫要求测量体温、登临检疫，根据检疫筛查标准对每位旅客的始发地和途经地等信息进行排查登记，并对旅客按照检疫筛查标准进行分类。对疑似新冠肺炎或有发热症状的旅客，将立即由 24 小时机场待命的救护车直接从机坪转至指定医院就诊。机场后勤部门负责开拓防疫物资供应渠道，包括 KN95 面具、护目镜、温度计、一次性医用手套、75％医用酒精和抗菌洗手液等相关卫生设备，做好疫情防控工作的落实和执行，最大限度确保机场防控物资到位。同时保障物资的合理、准确使用和妥善管理，减少浪费，做好日常防疫物资损失控制工作。及时开展调查，评估后续检查的保障需求，确保防疫物资和相关资源的良好供应和使用，最大限度地保护防控物资的供应充分，发挥其防疫作用。机场是一个复杂的公共场所，除日常的地面服务部、贵宾室、安保部门、物业公司、货运公司等，防疫期间还有上海 16 区和上海周边省份驻机场工作人员会同大量志愿者负责根据不同疏散标准安排旅客离开机场，各单位、各部门按照防疫预案的职责分工各司其职、深入合作、协同配合[4]。

6.2.5　治安安全

对旅客、员工数量众多的非飞行区而言，治安安全需要被放在重要的位置。2014 年民航局发布了《关于开展“平安民航”建设工作的总体方案》，要求强化航空安保责任机制，依法推进机场治安防控工作，提高航空安保管理科学化水平，加强航空安保的四项基础性建设。尽管一直以来浦东机场的治安情况良好，但机场始终坚持“防患于未然”的态度，高度重视治安安全，并在保障治安安全方面进行了多项实践。

在各类治安安全事件中，最常见的是群体性事件，如大面积滞留引发的聚众反馈等。为此，浦东机场高度重视群体性事件的处理效率，努力减少群众聚集时间、加快事件响应速度。例如，浦东机场经常会出现由于恶劣天气导致航班延误，乘客聚集在登机口反馈的情况。针对这类情况，浦东机场定期进行大面积航班延误处置综合演练，同时创建“诚信机场”服务质量提升协调委员会，重点对候机楼旅客服务工作流程，现场旅客的安抚、疏散等相关工作进行演练，而宣传委员会则在实时对外发布天气、机场运行及航空公司航班信息等方面进行演练，相互协作促进处理效率。

对于较不常见的治安事件，浦东机场则采取了周密的预防手段。浦东机场会针对安检现场发生旅客冲击安检现场的情况进行应急处置演练，演练时在岗安检员会立即启动应急处置预案，防止冲闯人员进入隔离区内，同时利用安防器械对非法冲闯人员进行有效控制。针对如偷抢等民事案件的不安全事件，浦东机场首先在制度与流程方面采取了多种措施，一是各级管理层要通过对不安全事件样例倒推、分析研究管理上的漏洞，查明触发不安全事件的可能的原因或因素，进一步梳理风险和对应管控措施。二是重视并做好此项基础性工作，以目标为导向，制定有安全裕度的措施，有针对性从工作的各个环节加以预防、管控处置；解决好管控措施从“有没有到全不全”的问题，持续更新优化程序，通过努力，消除不安全事件。

暴力恐怖事件是影响机场治安安全的重要外部因素之一，针对这类事件，浦东机场也布置了一系列预防措施。为预防未及时提供涉恐电话信息从而延误公安处理的情况，机场每年依据工作实际对《航站区管理部非法干扰电话应急预案》进行评估，及时修订，确保适用；同时，将"非法干扰电话应急处置"流程纳入相关一线岗位员工的准入培训课程，并做好年度复训和培训台账记录。对于配备录音电话的一线岗位员工，要求其每日上岗前须对录音电话设备进行检查，确保设备完好，发现故障及时报修。每季度对相关一线岗位员工非法干扰电话应急处置的掌握情况进行抽查，并对已记录的《航站区管理部非法干扰电话记录表》台账、录音进行检查，发现问题则及时督促整改。为了防止出现未规范处置不明物体而引发的涉恐事件，浦东机场将《航站区不明物体应急处置程序》纳入员工准入培训课程中，并作好培训记录。每位员工在航站区现场发现不明物体，需要按照《航站区不明物体应急处置程序》进行处理，立即向 TOC 报告，现场看护，提醒无关人员勿靠近，等待专业人员现场检测，再根据指令进行处置。各科室则加强对员工的日常反恐安全教育，提高员工安全意识，遇特殊保障任务或敏感时期，对重点岗位人员的反恐安全教育进行特别加强。机场管理部每季度对一线岗位员工《航站区不明物体应急处置程序》掌握程度进行抽查，并督促整改。而机场为了防止出现隐蔽报警按钮使用不当从而延误暴力恐怖事件的及时处置的情况，其岗位安置有隐蔽报警装置的相关员工都须经培训，掌握《隐报警装置启动条件》、设备检查及报修流程，方能上岗；同时将《隐蔽报警装置启动条件》、设备检查及报修流程，纳入相关员工准入培训课程中，并作好培训记录。相关科室则在日常工作中不断提高员工的反恐安全意识，要求员工不得随意向无关人员泄露区域反恐安全设施设备的点位以及隐蔽报警装置相关事宜，做好保密工作。

6.2.6 运营安全

浦东机场安全管理部将平安机场定位为基本要求，从体系建设、运行安全、空防安全、应急管理四个方面入手。智慧化是加快平安机场的手段，安全管理部计划通过更多的智慧化手段来解决部门在安全管理工作上现有的短板和不足。安全管理部充分运用现代科技手段破解机场运行安全中的瓶颈问题，通过智慧化、数据化、网络化的方法，发挥科技创新引领作用，持续提升安全科技水平，加快新型技术的研发和应用，以"智慧化"的手段来保障浦东机场安全、平稳运行，解决部门现有的人防、物防手段上的短板以及目前的实际问题。安全管理部应按照 2019 年公司确立的九项集团安全新技术重点项目清单推进新设备、新技术的研发和试点工作，包括围界防入侵、案件新设备、门禁系统、人脸识别等尚未完成和试点的技术。"平安 + 智慧"应该是未来四型机场建设中安全管理部应做到的工作。在人文机场建设方面，主要是从安全管理的手段、方式上进行改进，以小视频的方式进行安全知识讲解和培训，能够让员工在休闲、轻松的氛围内进行安全管理核心内容的学习，能够让员工在较短的时间内清楚自己的工作职责。

针对由于员工不安全行为引起的安全事件，浦东机场制定机场员工人身安全监管体制和顶层设计，采用视频回访的方式进行安全检查，运用监管手段解决安全问题；同时，浦东机场以法律和部门规章制度的形式确认安全与生产的关系、规范生产中的安全行为，把员工行为与绩效考核相挂钩，规范员工在审查劳动过程中的操作和行为。浦东机场加强班组人员管理，延伸到管理资源、程序和制度、内部监管、培训教育、劳动保护、信息传递、差错、违章、安全文化等环节，强化班组运行与机场运行系统的有机结合。为了提升安全管理的实效，浦东机场开展了安全培训、教育等基础性工作，提高员工对差错、违章、差错因素、环境因素、认识因素等不安全行为和前提的认识。另外，浦东机场针对人、机、环境匹配和作业现场进行管理。机场的现场作业往往包括人、设备、环境等要素，很多时候还包含航空器，这些要素组成了一个系统，各个要素之间的相互匹配对于系统的运行正常至关重要。机场现场管理人员在作业前应考虑员工的准确度、体力、动作的速度以及知觉能力四个方面的状况，员工应注意设备的状况以及包括温度、湿度、照明、噪声、运行环境在内的环境状况。

参考文献

[1] 米爱群，聂艳丽. 上海浦东国际机场多跑道助航灯光监控系统设计研究[J]. 机场建设，2012(3)：21-22.

[2] 马筠岷. A-CDM 机场协同决策的应用[J]. 现代电信科技，2014，44(5)：70-73.

[3] 上海虹桥综合交通枢纽工程建设指挥部. 虹桥综合交通枢纽：工程建设和管理创新研究与实践[M]. 上海：上海科学技术出版社，2011.

[4] 王莘茹. 我国民用机场突发公共卫生事件管理研究[D]. 上海：华东政法大学，2021.

第 7 章

安全机场评价

7.1 平安机场指标识别

7.1.1 平安机场建设工作原则

近年来，随着经济的不断深入发展，人民生活水平显著提高，乘坐飞机商务出行、旅游的人数屡创新高，使机场的客流不断增加。

我国民用航空市场取得了空前的发展，国内的民航新建、迁建、扩建机场项目也同样猛增。浦东机场的客流、机场建设的持续稳步增长，使机场对高运营管理效率、高安全的需求日益增加。同时，公众对于公共环境的安全诉求不断提升。浦东机场作为大量人流和物流的集散中心，是治安防控的重要场所。但浦东机场区域范围广、人流分散、集散较快的特性，给当前机场安全工作管理者带来了前所未有的压力。

平安机场的建设工作需要以以下原则为基础。

一是统筹兼顾原则。机场安全涉及飞行安全、空防安全、航空地面安全、消防安全等多方面内容。同时，平安机场建设的参与主体复杂，包括航空公司、机场、空管、旅客、民航管理者以及驻场公安和消防站等。在进行平安机场建设时，所采用的工作方法包括制定法律法规和相关制度、合理应用新一代科学技术、开展宣传教育及培训等。平安机场建设工作是一项系统工程，也是一项长期工程，其涉及机场的各单元和各环节，因此应从全局视角出发，统筹各相关要素，开展平安机场建设工作。

二是因地制宜原则。由于我国机场的建设时间、发展条件、地区的经济条件都存在着一定的差异，这就要求各地机场根据所处地区和自身的实际情况，因地制宜采取不同工作方式，在普适性建设方案的基础上，梳理机场工作特点与重点，合理制定符合机场自身条件的工作指标，针对性地开展平安机场建设工作。

三是综合协调原则。平安机场的建设是一个综合性的项目，涉及各个方面，不是单靠一个部门、一个单位就能做好的，需要调动整个机场的资源，让所有的力量都集中在一起，形成合力，共同维护机场的安全。机场的安检部门、安保部门、信息技术部门、医疗急救中心等部门以及驻场的机场公安、消防站等单位都是维护机场安全的重要参与者，平安机场的建设应基于综合协调的原则，厘清各部门单位工作范围与工作职责，促进机场各部门单位通力合作，形成平安机场建设合力。

7.1.2 关键指标梳理

安全管理体系包括两大部分，分别为持续实现安全年和安全核心能力建设。持续实现安全年部分分为四种安全类型：运行安全、空防安全、消防安全和治安安全，共包含九个要素:①不安全事件和事故征候类型的万架次率;②旅客、行李、货物、内部人员的漏检次数;③安全检查的信息化程度;④不安全事件发生次数;⑤消防巡检率;⑥群体性事件处理效率;⑦突发事件发生次数;⑧治安机器人投入数量;⑨代表安全运营体系实施工作的标杆要求。安全核心能力建设包括航空安全防范能力、业务平稳运行能力、应急管理能力和快速恢复能力,共包含7个要素:①鸟击事件万架次率;②智能停车能力;③智慧化安检放行效率;④安全安防集成管理能力及效率;⑤应急预案演练次数;⑥应急响应速度;⑦航班延误快速恢复。

1. 运行安全

机场运行管理是航空安全管理的重要组成部分,在飞行区、货运区、油库区、航站区等区域的安全和管理工作,将对民航运输系统的安全与管理产生重大影响。人的不安全行为来自管理上的缺陷,而物的不安全状态则来自设施设备上存在的问题。在机场运营中,人的不安全是源于其自身的管理失误,而其原因是其自身的不足。

民航信息网络上的统计资料,分析了近几年在我国机场出现的不安全事故,包括跑道侵入、飞机刮碰、鸟击、轮胎损伤、外来物损伤、净空管理等。就事故的发生而言,鸟击、轮胎损伤、外力损伤仍是事故发生的最大原因;而从严重程度上看,跑道侵入和机坪刮碰航空器问题较为突出。

运行安全的评价指标选取为不安全事件和事故征候类型的万架次率,包括鸟击、外来物损伤航空器、跑道侵入、机坪刮碰等机场责任事故。机场责任事故原因征候万架次率=机场责任导致的事故数量/机场总起降数量(%)。浦东机场的安全年目标设定为不超过0.08%。

2. 空防安全

在科技进步和员工素质不断发展的今天,民航的安全水准逐渐提高,从原理上来说,最大限度地实现了“安全至上”的目的。然而,随着航空运输与人员流动的迅猛发展,民航安全保障工作也随之出现了新的问题。空防安全包括乘客和行李安全检查、货物安全检查、航空器监护等诸多方面,一旦发生安全事故,将会造成非常大的影响。机场是整个民航大系统中的一个子系统,它在保障飞行的同时,也起到了保障空中交通的重要作用。

民用航空公司的空防工作包括以下方面。

(1) 控制地面,避免不相干的人闯入机场的特定场所;防止和制止对机场的地面设备造成损害,从而使飞机的正常运转避免受到损害。

(2) 防止旅客将危险物质带入运输途中,避免危害飞机的运营。

(3) 防止和制止飞机在空中被非法活动所扰乱,减少危害飞机的运营。

(4) 防止并制止乘客或机组成员在飞机上被绑架而要求更改飞行路线的情况;或者以被挟持飞机和飞机中的人质威胁国家,实现其不法目标的情况;甚至是用飞机来进行打击地面目标的情况。

空防安全的评价指标包括旅客、行李、货物的漏检次数、内部人员的漏检次数和安全检查的信息化程度。旅客、行李、货物的漏检次数指无票证或未经安全检查或不符合安全检查的旅客、货物进入隔离区的次数;内部人员的漏检是指未随身携带工作牌证的内部人员进入隔离区的次数。安检部门应当根据任务量和实际情况,编制相应的指标评价和突发事件处置预案。安全检查的信息化程度指标反映了信息化程度不断加强的形势下,信息安全越来越凸显的重要性,信息安全检查已成为机场提升安全管理水平,保障运行应用系统安全稳定运行的重要手段。

3. 消防安全

机场地区的建筑物数目众多,年代跨度较大,使用时间差异较大。新建成的建筑防火性能优良,管理水平高,设备能及时进行维护和替换,达到了现代火灾监控的需要。但有些建筑却存在着较多的火灾隐患,主要是因为:①消防设施覆盖面太小,没有设置或者不完善;②消防设施陈旧、破损严重,且存在无法及时替换和维修的问题;③建筑物中有大量居民和流动人口;④必须进行改造和重建,火灾隐患大。若发生火灾,不仅会给房屋的经济和财产造成巨大的损害,而且会导致生命的重大损失。

机场地区的建筑物类型多样,不同年代、不同规模、不同功能的建筑物的消防安全管理状况也存在较大的差别。一般情况下,拥有消防控制室的建筑物消防管理工作做得很好,但也有个别消防控制室未使用,或者值班人员不在岗位;而未设置消防控制室的建筑物,其消防管理工作尚不健全,一旦发生火灾,往往很难发现。部分防火控制室因人手不足,未严格落实"两岗三班",无法适应日常消防工作。同时,由于人员流动性较大、职业素质较低、操作技术不熟练、操作程序生疏等因素,使消防安全工作和保障工作更加困难。

消防安全包括不安全事件发生次数和消防巡检率。消防不安全事件包括饮水机冒烟、消防设施损坏等事件,它反映了机场日常消防安全的防范水平。消防巡检率是指机场全面消防检查的频率,反映了机场对于消防安全的重视程度。

4. 治安安全

民航公安作为维护机场治安秩序的责任主体,在机场治安防控和治安管理工作中做了大量的工作,取得了良好的治理效果,治安防控的工作目标是为了服务于航空器正常飞行,维护良好的治安秩序,为人们出行提供支持和保障,因此,治安防控的各类措施不仅要满足基本安全需要,更要将民航运输的因素加入其中。

治安安全包括群体性事件处理效率、突发事件发生次数和治安机器人投入数量。群体性事件是指如因飞机延误而导致的乘客在登机口前发生大面积聚集等事件，处理效率指群众聚集时间和从事件发生到事件响应时间。该指标可以反映机场对于治安事件的响应速度和处理效率。治安突发事件指粉丝接机进而造成骚乱、乘客冲闯安检等不安全事件。治安机器人投入使用情况反映了机场对治安安全的重视程度和普遍预防性的准备情况。

5. 航空安全防范能力

随着航空业的发展，机场鸟击事件发生率不断提高。世界各国对机场鸟击航空器事件也越来越关注，鸟击防范研究也逐渐从单一的机场驱鸟延伸到研究鸟类行为学、植物学和土壤成分研究等领域。浦东机场也开始持续、综合、系统性地开展鸟击防范研究，并取得了许多重要的阶段性成果。

航空安全防范能力主要选取鸟击事件万架次率进行评价。鸟击通常是指鸟类与飞行中的飞机发生碰撞造成的事件。鸟击对飞行安全和经济造成的威胁和损失是巨大的。鸟击事件主要撞击部位集中在发动机、机翼、雷达罩、风挡、起落架等部位，特别是鸟击发生率最高部位发动机，事故征候则集中发生在发动机、机翼和雷达罩等部位。该指标可以体现机场预防和处置故障的水平，反映飞行人员对鸟击风险的了解、熟悉鸟击可能引起的故障、掌握遭遇鸟击后的处置方法。

6. 业务平稳运行能力

业务平稳运行能力包括智能停车能力、智慧化安检放行效率和安全安防集成管理能力及效率。智能停车能力反映了机场停车业务的智能化水平，是评价机场数字化、智能化水平的指标之一。

智慧化安检放行效率主要由自助验证闸机、安检信息系统、人脸识别系统、安检一体化通道组成。该指标反映了机场安检现场“人防＋技防”技术的实施效果，可以实现旅客自助验证、旅客过检信息自动集成，确保本人持证过检，高效便捷，实现同步过检，有效避免行李被误拿。

智慧化机场安检实际上是利用人工智能技术和网络技术，利用先进的安全检测手段，通过先进的安全检测手段，实现对旅客的安全检测。传统的安全措施主要是依靠人工和机械来保证安全，而这些工作都是由人工来完成的，因此在传统的安全检查中，要投入大量的人力。与传统的机场安全系统相比，智能安全系统是一种简单的安全管理方式，它只需要很少的人力，也不需要太多的人力。智能化的机场安全管理模式，包含了全新的体制改革，以及各种先进的设施，目前国内主要机场采用的智能安全设施有：

（1）面部辨识系统。通过使用人脸识别技术，可以在旅客进入候检区时，自动识别旅客的身份，避免送行人员进入候检区，降低候检区的维护工作量，防止有不良行为的旅客进入候检区。同时,该系统可完成旅客一证通关、旅客过安检、安检等自助服务,帮助安检工作人员进行人证比对和鉴别。

(2) 将乘客的行李和信息与面部识别系统绑定的闸机。在旅客进入候检区之前,通过人证比对,发现旅客的托运行李中有不能带的物品或可疑物品时,闸机就会自动提示乘客要检查自己的行李,这样就能让乘客不用排队通过安检,节省乘客的时间。

(3) 用于人员安检的毫米波检测装置。乘客通过身份认证,在安全工作人员的带领下走到安全门,用毫米波人体检测仪对乘客进行全身扫描,并在屏幕上显示出乘客所携带的物品的位置和形状,一旦发现有违禁品、危险品,就会自动报警,让安全人员进行检查。这个系统已经不需要用金属探测器进行安全检查,也不用在安检员面前排队,只要从门口经过就可以,借助先进的 AI 技术,提高了安检效率。

(4) 用于装载篮筐的自动递篮器。采用自动收篮设备,既能加速乘客的投递,又能极大地减少以往安检人员来回搬运的工作;同时,通过在篮内设置的条形码,可以把乘客的行李和自己的物品连接起来,防止失窃或者帮助乘客丢失物品时找到失物。

(5) 智能安全通道。智能安全门是一种快速的航班服务,它还可以预先预定,方便了频繁的乘客。

机场因面积广大、环境复杂而且人员流动大,其安全防范工作的重要程度尤为突出。安防系统作为整个机场系统技术含量较高的安全管理辅助手段,一直以来都受到特别关注。如何建设并管理好一套技术先进、运行可靠,并能最大限度减少航空飞行安全事故的智慧化综合安防系统,已经成为所有机场及航空公司日常管理运营工作中一项非常重要的内容。安全安防集成管理能力及效率反映了机场安全信息集成程度及处理速度,该指标用于评价机场安全运行保障能力。

7. 应急管理能力

机场应急管理能力指的是机场在应对突发事件时,根据应急保障方案进行人员、物资调配、信息管理、现场处置等能力,以最大限度地减少人员伤亡和财产损失。应急管理能力包括应急预案演练次数和应急响应速度两个指标。该指标反映了机场全过程的应急控制机制和处理方案处理效率。为了保障旅客生命财产安全,浦东机场应积极优化应急控制方案的规范性,加强行业规范管理。

8. 快速恢复能力

由于天气恶劣、空中交通管制、机场保障、旅客和航空公司自身原因等因素影响,导致航班计划不能按原计划执行时,称为航空公司航班计划受到干扰或受到干扰,因此调整航班计划称为航班恢复。航班延误快速恢复指的是由于各种原因(如恶劣天气、机组准备不足、空中流量限制等)导致机场较长时间关闭,或由于飞机故障、部分航线关闭等原因造成航班延误，当机场重新开放或不繁忙时，必须重新安排延误航班，以便尽快疏散滞留机场的航班，让机场尽快恢复正常运营，使延误造成的经济损失降至最低。快速恢复能力反映了机场快速恢复枢纽机场的航班积压，降低枢纽机场大面积延误的能力。

7.1.3 指标体系构建

机场安全运营指标体系基于关键指标梳理内容进行构建，共分为“持续实现安全年”和“安全核心能力建设”两大一级指标以及 8 个二级指标和 16 个三级指标，选取可量化指标并规定标杆的指标值，用以评估机场安全运营情况(表 7-1)。

表 7-1 机场安全运营指标体系

领域	一级指标	二级指标	三级指标	量化指标计算方式	标杆的指标值
安全运营	持续实现安全年	运行安全	机场责任事故原因征候万架次率	机场责任导致的事故数量/机场总起降数量	0.08%
		空防安全	旅客、行李、货物的漏检次数	无票证或未经安全检查或不符合安全检查的旅客、货物进入隔离区的次数	5 万人次/年
			内部人员的漏检次数	未随身携带工作牌证的内部人员进入隔离区的次数	5 万人次/年
			安全检查的信息化程度	现有信息化程度/计划信息化程度	100%
		消防安全	不安全事件发生(如饮水机冒烟和消防设施损坏等事件)次数	发生次数	0 次/年
			消防巡检率	频次	每月一次重点检查
		治安安全	群体性事件处理效率	处理时间	聚集时间 30 分钟/响应时间 15 分钟
			突发事件发生次数	发生次数	10 次/年
			治安机器人投入	投入使用数量	2 个
	安全核心能力建设	航空安全防范能力	鸟击事件万架次率	鸟击事件万架次率	100%

续表

领域	一级指标	二级指标	三级指标	量化指标计算方式	标杆的指标值
安全运营	安全核心能力建设	业务平稳运行能力	智能停车能力	机器人配备数量/台	100%
			智慧化安检放行效率	智慧化安检放行效率	100%
			安全安防集成管理能力及效率	信息集成程度及处理速度	100%
		应急管理能力	应急预案演练频率	现有频率/应有频率	100%
			应急响应速度	现有响应速度/计划响应速度	100%
		快速恢复能力	起飞条件	现有起飞条件/计划起飞条件	100%

7.2 持续实现安全年建设方案

7.2.1 运行安全

强化机场运营安全管理。机场管理部门要切实履行对驻地单位统一的管理责任，统一培训，统一考核，统一管理，严格奖罚；机场主管部门要与驻地单位联合，建立和完善地面作业的内部安全监督机制，强化自身的安全管理；强化对空港经营单位机坪设施的维护保养，保证其维护工作正常进行。

强化鸟类攻击和 FOD 的预防。通过对鸟击和 FOD 事件的规律、特点的总结、分析，结合机场所在地区具体情况，积极学习国外先进的工作经验和做法，有针对性地开展鸟击和 FOD 防范工作，在现有基础上进一步降低鸟击和 FOD 的发生频率，有效防控风险。加强科技投入，运用新技术，积极推广雷达、鸟情预警、FOD 检测等技术，从被动应对到主动防范，真正做到科技兴安、技术保安。深入开展鸟击、FOD 评价，切实发现空港在鸟击、FOD 防范方面存在的问题，并认真履行职责，提高有关工作的能力和水平。

加强应急救援保障能力。加强应急处置与服务，从预案管理、人员值守、信息报送与研判、人员资质管理等多方面入手，进一步夯实空港应急救援工作基础，提升实战能力。要充分利用好机场的紧急情况，加强实战性、针对性和有效性，以较好地克服当前“演而不练”的问题。加强相关工作人员的训练，特别是消防救援、应急救援等。

建设并运行 A-SMGCS 高级地面监视引导系统。ASMGCS 系统监视信号源引接了包含多部场面监视雷达、2 部航管雷达、多部 ADS-B(广播式自动相关监视)基站，以及多点相关监视系统的监视源数据。通过接收多种监视源数据，并进行解析及融合处理，可实现对机场场面覆盖范围内的航空器和车辆进行连续的定位与标识。机场可以引进四级

A-SMGCS 系统，自动识别飞机在跑道及滑行道上运行的潜在冲突，发出告警，并可以规划滑行路线，提供滑行引导。通过引进新型系统，为机场构建高等级低能见度运行保障能力，可以实现 HUD RVR 75 米起飞，即装有平视显示器的飞机在跑道视程低至 75 米的情况下就可以起飞。

7.2.2　空防安全

机场的安全系统是空防安全的重要保障，以浦东机场为例，其安全系统采用了智能化的乘客安全系统，由自动识别系统、人脸识别系统、自动传输系统和 MIS 系统组成。其中，自动验证机主要是利用了面部识别技术，能够自动验证旅客与自身的证件，使全程自动化；该自动传送装置运用自动化的后勤技术，能把旅客的行李转移、识别、安全行李与疑似行李的分开，并能将行李的回收利用；MIS 应用了信息整合技术，实现对旅客的快速、友好、可追溯的智能化管理。"差异化安检""诚信安检"等都离不开人脸识别技术，将个人征信系统和机场安检系统连接起来，使用人脸识别验证旅客的身份，信用等级高的旅客可以在较短的时间内通过安检，缩短安检时间，保障空中交通安全，大大提升工作效率。

设立空防安全管理部门。设立独立的空防安全管理部门，定期进行机场专项安全检查、现场安全检查，同时负责安全督导和检查的整改措施、事件控制措施、运行偏差预防纠正措施和风险控制措施的落实验证检查和问题整改的持续跟踪检查，形成对机场空防安全的全面督查。

加强对航空公司的检查和监视，完善机场的空防设备，保障机场的安全。"巧妇难为无米之炊"，即便有良好的管理和现场的指导，如果没有足够的先进的空中防御设备，也是徒劳。现代科技日新月异，犯罪手法日益精良，较为落后的仪器可能无法识别部分违禁物品。以浦东机场为例，机场对空防安全相关仪器设备加大投入，采购了如爆炸物探测仪器、超大型安检设备等新一代设备，机场货运站配备了数套特大型 X 光安检仪器，仪器能够在提升机场货运安检效率的同时，有效识别出货物中夹带的危险品，为机场空防安全提供保障。

7.2.3　消防安全

建立机场消防安全管理机构，设立消防安全委员会、消防安全管理办公室、消防监管机构、消防救援机构，以确保整个航空港的消防安全管理工作。由消防局统一管理，由火警处牵头制定防火安全政策；航空公司消防监督部门由消防主管、消防专业人员、区域消防安全人员和楼宇消防安全人员组成。消防救援组织由航空公司消防救援大队和企业志愿消防队组成，担负着在空港地区的消防救援工作，协助和配合政府消防救援队伍的工作。

随着智能消防的应用，监督管理与演练分配都可以在智能消防平台上进行，巡检消防员可直接将巡检和演练结果通过图片、文字、视频、语音等多种形式上传到系统中，若设备设施的损坏更换都可以在系统中进行标注，可自动派发给相关人员进行处置，并通过系统上传处置结果。另外，通过智能视频监控系统，可以实现值班人员长时间离岗自动报警，火灾隐患监控等都能够实现智能化管控。作为机场应急救援体系智慧化的重要环节，消防3D数字化预案项目的建设，能够确保应急预案的集中管理，提升消防队伍的训练和指挥效率，提高预案应用实战水平，助力机场消防救援工作、夯实战训业务基础。

积极探索机场消防应急救援体系的建立。从未来发展趋势看，随着国家应急体制改革的深入，机场消防应急救援工作已成为地方政府社会职能之一。因此，机场消防队伍的职能、装备和人员的相辅相成是机场和地方政府共同努力的方向。通过与地方政府签订机场应急救援协议等方式，可以充分利用地方应急资源，适当减少或免除部分应急资源，减轻机场资源配置压力，避免资源重复配置。此外，机场应急培训、应急演练等方面还能得到地方有关部门的支持，提高机场综合应急救援能力。同时，机场还需要完善机场救援体系，建立健全应急救援预案，明确双方职责义务，积极承担地方应急救援责任，积极参与地方消防救援工作。

规范岗位标准，建立多层次消防队伍。一是建立一支强有力的消防骨干队伍，可从消防机构和相关院校引进具有丰富消防实战经验和民航消防专业知识的人员担任消防管理干部和指挥员，给予机场相应的正式编制和待遇，从而充分保障队伍的稳定和可靠的技术支撑。同时可以与消防专业院校开展定向培训，选拔业务骨干，输送到正规院校进行封闭式培训，通过送培和国内交流轮训，确保机场具备优秀的消防救援能力。二是针对民航基层消防人员，机场劳动主管部门可以根据消防人员岗位的职业标准及招聘要求，采用合同制和劳务派遣制相结合的方式，对有志投身机场消防事业的人员进行长期聘用。这样既能保证消防队员的工作经验，又能保证队伍整体战斗力，减轻机场人力成本方面的压力。

建立民航消防专业培训中心。目前民航中小机场消防人员普遍缺乏系统、全面的消防技能培训，缺乏实际火灾救援经验和实战经验，尤其是飞机火灾方面的专业知识，他们对消防工作的认识大多停留在以往消防工作经验或他人传授的知识上，缺乏对现代飞机材料、结构等方面的知识。因此需要建立民航消防训练培训中心，对机场在职消防人员进行全面、系统的培训，或者按一定的周期进行复训。培训中心可设置各类火灾场景模拟实验室、火灾燃烧实验室、消防员体能技能训练室、训练航空器火灾模拟训练模型、航空器火灾扑救及机场救援模拟训练系统等，各级消防应急救援通过培训，能增强基础航空业务理论知识，熟悉最新航空器的材料结构性能，包括航空器的类型和型号、航空器动力系统、航空器的主要结构组成和结构中所使用的材料等，掌握一些更前沿航空消防救援理论。同时还需要加强消防培训和演练，增加专业的消防安全岗位，建立多种形式的消防组织，加强消防技术人才培养，增强火灾预防、扑救和应急救援的能力。普通高校和应急管理部门可以开展专业技术人才定向培养和联合培养，以提高消防专业人员的综合素质。在尊重消防救援人员学历的同时，还应考虑他们从事应急救援的工作经历，注重实践锻炼。

开展多种形式的业务交流与经验交流。通过举办各种形式的业务研讨会或经验交流会，使大型民航枢纽机场之间能够进行经验交流，分析火灾灭火救援案例，传授管理和灭火救援经验。或者与公安、民航院校、科研机构、航空公司等开展业务交流与探讨，掌握航空器最新发展动态、各类航空器事故案例处置、航空法规等，提高机场消防指挥员的处置能力。此外，还可与当地消防机构开展联勤联训、轮训，如赴地方消防队伍执勤锻炼，丰富灭火救援经验，增进业务交流，不断提升中小机场消防队伍实战能力。

此外，“重点区域、重点部位、重点岗位”是开展“拉网式”安全巡检的重要举措。由主要领导、分管安全领导带队，每周开展对飞行区、航站区、公共区、货运区“四大”区域，不同的重点部位和重点岗位进行安全检查，加强季节性防风防洪、机坪航空器停放、航空器作业保障、航空安保和消防安全等工作，消除巡检盲区，从而可以监测各类设施的使用情况，推算安全性能，实现消防安全管理全覆盖，为旅客提供更安全的出行环境。同时，要注意加强一线执勤的各类执法人员的安全防护工作，切实保障自身安全。要加强外来人员和新入场人员的安全培训教育，严格杜绝先进场再培训，确保安全培训教育到位。

7.2.4　治安安全

机场在进行治安安全建设时应以制度和流程作为工作的两大抓手，在制度方面，各级管理层要通过对不安全事件样例倒推、分析研究管理上的漏洞，查明触发不安全事件的可能的原因或因素，进一步梳理风险和对应管控措施。在流程方面，应重视并做好此项基础性工作，以目标为导向，制定有安全裕度的措施，有针对性从工作的各个环节加以预防、管控处置；解决好管控措施从“有没有到全不全”的问题，持续更新优化程序，通过努力，消除不安全事件。

引进安保公司专门负责安保工作，以绝对安全为目标，在安保、防灾、危机管理等方面展开工作，达到国际领先水平。人脸识别技术、人像比对技术等新一代技术手段能够帮助安保系统识别“有前科”的旅客，做到提前预警。同时，可以引进人证比对系统（甄别人证是否合一、是否属重点管控人员的信息系统）和人像比对系统（自动搜寻重点、在逃人员的系统），从而最大限度打击违法犯罪分子。在提高人员安全意识的基础上，通过引进先进设备，运用科技手段，加强航空安全工作。例如，在自助验证环节应用人脸识别技术和自助验证闸机设备，进而实现旅客自助安检查验全流程自动化操作，自动完成旅客信息核验及人证比对。

强化警企“治安联防”工作。机场公安应积极与航空公司、机场内保力量、外聘安保公司等单位联动，组建区域安保联盟、警保联控队伍、警务室和联勤点等，开展警保联动巡逻、警企群防群治，同时依托区域安保联盟，在航站楼内建立网格化巡逻机制，零时差伴随航班巡逻值守，保证驻场武警、特警、高铁警察、地铁公安、机场安保、企业保安等联勤联动，进而推动多种力量共同参与，快速、就地、高效处置警情。通过多家单位联合、共同治理的治安工作方式，能够全面保障机场公共秩序、交通营运秩序和治安秩序持续稳定，着力提升旅客出行安全感和群众满意度。

7.3 安全核心能力建设方法

7.3.1 航空安全防范能力

鸟击事件防范应以生态治理为抓手，变“被动”为“主动”，从生物链角度科学制定驱避防治措施。机场应持续开展土质区草种优化工作，种植生长缓慢、不易生虫、结籽率低、适应性强的野牛草。引进鹰隼，利用猛禽与一般飞鸟的食物链上下游关系，对飞行区内鸟类进行震慑。同时，与相关高校、科研机构积极合作，持续开展飞行区内、外环境调研，掌握机场生态圈内鸟情动态、生物种群和环境因素，学习多种鸟类习性，在保证航空安全的基础上，助力“智慧生态型机场”建设。

建立四维鸟击防范体系。四维鸟击防范体系遵循生态学的基本原则，根据“维”的概念，将鸟类攻击防御的各种防御手段归结为：第一维为点线维，即是采用一种零星的、单种鸟类攻击的预防措施；第二维为平面维是指研究机场土壤、植被、昆虫、鸟类等生物所构成的生态系统的食物结构，以便采取相应的预防措施；第三维为空间维，从整体的空间观点出发，包括采用陆地声音驱鸟、空中猛禽模型驱鸟、空域模拟雷达模拟鸟类攻击；第四维为时间维，从时间和长远上实现鸟击防范，加强鸟击防范宣传，加强人员管理，强化鸟击重点区域，实现鸟击防范，从时间和长远上实现鸟击防范长期有效，形成时间维。

水源防治。机场土面区应采取合理的排水措施，以减少鸟类的吸引，清除机场及附近裸露水体的杂草，防止鸟类进入水源地饮水、在裸露水体的上层架网遮蔽水体以阻止鸟类饮水、减少机场及其附近裸露的水体的区域等措施，可以有效阻断鸟类的食物源和水源，对鸟类的数量和品种的控制有非常重要的意义。

食源防治。应结合机场当地的气候和土壤特性，对空港地区的土地和土壤的生物学特性进行调查。由于植物生长在泥土中，虫子以草为食物，鸟儿以虫为食物，在植物生长最旺盛的时候，昆虫的繁殖速度达到了巅峰，大量的昆虫会将更多的鸟儿聚集在飞机场，造成更多的飞禽袭击。可以采取杀虫剂、除草等措施，以抑制土地上的动植物繁殖，降低飞机场及其附近地区的禽类的食物链。

植物防治。增加空港地面区域的除草次数，尽可能地简化机场的植物种类，以破坏土壤动物、昆虫和老鼠的生活，降低对飞禽的吸引力。

声音驱鸟。利用定向声波、超声波、电子爆破、电子模拟声音，让鸟儿害怕，不习惯飞翔。但由于鸟类有较高的适应性，所以应及时对使用的驱鸟声音进行升级，并且适时地调整音调的形式和阶段。

人员管理。机场应成立鸟击防范工作领导小组，编制浦东机场鸟击防范工作方案、机场鸟情监测工作制度、年度鸟情调查报告制度和其他驱鸟器材的使用、管理和维护制度，并定期召开机场鸟击防范工作会议，研究和部署鸟击防范工作。浦东机场防鸟工作领导小组下，应成立一支由机场工作人员组成的专职驱鸟工作队伍，每日统计、收集、建立鸟类资料库，并定期进行各类档案的鉴别、分类；及时向有关鸟类攻击的情况报告，尽可能地搜集、保存和归类鸟类的实物资料；向机场防鸟工作领导小组定期汇报。要利用大数据技术，构建机场鸟情数据库，为今后的鸟类防御工作提供科学依据。

总而言之，机场可以将传统驱鸟手段与新型科学技术相结合，以数据为“引擎”推动驱鸟设备高效化、智能化。不断充实鸟情数据库，收集大量的鸟类数据，逐步建立小程序数据平台，把丰富的数据转换成可视化、标准化的数据，强化合作、共享共治。在技术上，通过对传统鸟网的布置方式进行改进，针对不同季节的鸟情变化，改变鸟笼的布置方式，提高对低空鸟类的阻截能力。为全面掌握现场鸟情，研究运用雷达、视频探鸟等新技术，将其与浦东机场的生态治理相结合，利用各种技术优势，实现对飞禽的早期预警和实时监控，为今后的综合探鸟工作打下良好的基础。

7.3.2　业务平稳运行能力

1. 智能停车场

机场可以在现有停车场的基础上，使用最新的机器人自动停车系统，引入自动停车技术，只要把车停在停车场，机器人就会把托盘和车上的车辆送进停车场，实现“倒车入库”，整个过程不会超过一分钟。每个停车机器人都有一个感应器，可以自动调整车速，很好地避开任何障碍、避免刮擦。停车机器人既是“互联网 + 停车”时代的标志，也是一种新的停车技术，可以有效地解决停车问题，整合城市停车资源。智能停车场既体现了建筑智能化的优越性，又具有施工工程量小、造价低的特点，能够有效地实现交通分流，降低人力资源的浪费。

引进智能化的泊车装置。“智慧停车”通过“智能停车”和“停车收费”来实现其“智慧”，能为客户提供日常停车、错时停车、车位租赁、汽车后市场服务、反向寻车、停车位导航等服务。其优点一是快速，克服了过去人工经营、收费不透明、进出耗时较久的弊端。二是为客户提供个性化、多样化的消费升级服务，如宽敞车型停车位、新手司机停车位、充电桩停车位等。三是将更多的车辆停放在同一区域，比如立体停车场可以增加车位的单位面积，共用车位可根据不同的时间段，来解决停车的问题。

出入口车辆检测。在停车楼的出/入口采用双车辆检测器的方式，进行车牌号、车辆颜色识别，将 2 张图片合成后送至道闸系统，并控制道闸的升降。同时采集视频，记录车辆进出的全过程。双车辆检测器采用左右安装的方式，有效解决在因出/入口进深较短，车身无法拉直等情况下无法识别车牌的问题，提高识别率。

LED 车位引导屏。车位引导屏采用整体到局部的方式给予空闲车位提示信息，使车主能够尽快找到车位停下来，避免主通道拥堵。在停车场入口处，安装所有楼层空余车位的引导屏，在所有上下楼层间的通道口入口处，安装其他楼层的空余车位引导屏，在到达每层的入口处，安装分区空余车位引导屏，在每个楼层的主通道车位的主停车侧，安装显示空余车位的引导小屏，车辆进入停车通道后，可以通过观察车位显示灯找到空车位并停车。

车位检测及引导。在单/双车位部署双车位视频检测器，在三车位部署三车位视频检测器，主要实现车位占用检测，用于空闲车位引导跨车位占用告警、非法占用车位告警、僵尸车告警、敏感车告警。车位检测器采集的视频还可以为车辆剐蹭、盗抢等事件提供有效证据。

反向寻车。通过对车辆车牌号、车辆信息、车位信息的提取，将其与停车场的区域地图相结合，可以对车辆的位置进行精确的定位，并为车辆的寻车提供准确的路线。用户可利用安装于电梯入口的自助查询终端及手机 App，获得车辆停放地点及动态路线图，协助车主查找自己的车辆。

预约车位的设计。选择一个相对独立的区域，靠近出发值机区，用可移动的软式隔板封闭预定区域，关闭后不会影响整个停车场的交通。在确认了预约车位后，通过道闸提升杆放行，没有牌照的车辆或牌照遮挡的，可以通过 App 打开通道，在预定区域内完成自动放行，然后在整个停车场的出口处进行交费。

2. 安检能力

基于安检能力指标评价体系，机场应积极提升安检速度及自助覆盖率，加快乘客过检速度。在办理登机手续时，机场应与各航空公司协调办理自助登机手续，保证旅客办理登机手续的效率。

在安检环节，应全面部署高效智能的安检通道，充分利用其高效、智能化的特点，确保安检通道安检能力符合机场需求，加快旅客通过速度。

在登机环节，采用无纸化出行方式，实现旅客刷脸登机，使乘客可以凭身份证办理登机手续。不需要出示身份证、纸质登机卡、电子登机卡，只需刷人脸就能办理入住手续，为乘客提供一种全新的旅游体验。

在设施设备方面，智能安检设备要实现智能化，比如要自动识别哪些是违禁品，哪些不是违禁品，一旦确定了违禁品，就会自动报警，与安检工作人员取得联系。除了设备的智能化，安检设备也要进行网络化、一体化，也就是说，只要一次测试，就能得到全部的结果，而且可以在后台进行实时监测，查看数据，进行数据同步，同时还可以通过远程报警，保障乘客和安检工作人员的人身安全。

在人员方面，高度智能化的安检系统虽然解决了以往需要人工完成的大部分工作，降低了人力成本，但对相应的操作人员的职业能力有了更高的要求。在使用智能安全装置之前，使用者必须会正确的操作流程，并掌握新的技术，因此，使用者需要接受智能安全装置的上岗前训练与评估。除了要对操作人员进行正确的操作和操作技能的训练外，还要对操作人员进行相应的维护和保养，如果设备发生故障，操作人员无法及时修复，将会造成巨大的损失，从而给乘客带来极大的不便。员工也要针对不同的功能表现，改进他们的缺陷，所以员工要提前作好各种准备。在候检区，除了工作人员外，还可以通过智能机器人、海报、大屏幕、语音等方式，让乘客与仪器协调，尽快适应新的安全检查。

3. 集成管理

现行机场多采用霍尼韦尔解决方案，具体包括：可集成和管理楼宇内各安全系统应用，数据+信息+决策管理的工作站；自动识别技术协助机场任务管理，提高运维智能化，确保运维效率；可视化泊位引导系统（Visual Docking Guidance System，VDGS）通过中央泊位计算机进行控制，为驾驶员提供无视差显示，提升飞机泊位效率，节省运营成本等服务；中央视频监控与门禁系统能确保实时监测，危险行为预判，事故提前预警响应；火灾报警系统能满足诸多定制化需求，尤其适用于对超大空间、跨区域的管理；智能光电感烟探测器采用独特的光学探测室设计，对多种火灾源作出快速可靠的反应，向消防人员提供火灾的准确位置。

机场可以采用可编程逻辑控制器（Programmable Logic Controller，PLC），通过智能自动控制的方式来监控机场管廊的风机、照明、给排水，以及环境中的温湿度、二氧化碳、硫化氢、甲烷等，保障管廊的正常和高效地运营，实现一体化的安全高效的空侧运营。

7.3.3 应急管理能力

机场应根据当地突发事件总体应急预案和机场工作开展的实际情况，充分征求相关保障单位的意见和建议，将应急预案落到实处，提高其可执行力、可操作性和完整性。在总体性基础上建立应急预案，按照机场、单位、部门的顺序，编制不同级别各自的应急预案，比如《航站区、飞行区突发断电应急处置预案》《航站楼信息集成系统危机应急处置预案》，并将应急预案的具体内容分解到机场各相关保障单位。这些预案高效实用，不同情况不同层级，并参考突发事件发生的可能性和相应的风险，可以全面提高应急管理水平，同时加强机场突发事件的风险管控能力。

机场可以引入机场智能应急指挥平台，以“标准作业程序＋信息技术”为建设思路，机场应急指挥协同管理业务与信息技术手段高度结合，应用GIS、视频、大数据、物联网、人工智能创新技术，配套单兵视频、车载视频等设备，建立统一指挥调度的平台，平台具备应急预案灵活编辑、应急事件一键启动、信息共享一键群呼、保障协同一键调度、归档复盘全盘统筹以及模拟演练等全流程的应急指挥功能。应急指挥平台应对应急处置流程进行模块化设计，应急指挥人员可根据突发事件处置节点或处置条件触发各项处置任务，利用电话群呼、信息研判辅助、语音识别、处置链条可视化等技术手段完成应急处置任务。现场应急信息迅速通过单兵视频传至后台，后台综合研判后形成的处置指令精准推送到应急处置现场，真正实现现场和后台指挥处置一体化。

同时，机场应加强基础设施的经费投入，弥补硬件方面的不足，提高预警监测、信息收集、传递、救援和恢复等方面的能力。引进业内先进的技术，提高机场的自动化水平，提高容错率，降低人为误差，提高应变能力，降低人工费用。此外，利用现代化的高科技设备和系统，可以对人的意外事故进行预警、预防，降低或消除事故的影响。比如现在比较成熟的网上舆论监测系统，能够在网上自动侦测到关键词的存在，并能及时地侦测到不法行为；或如很多机场、火车站都采用了摄像头和图像识别技术，可以在茫茫人海中准确地辨认出一张脸，并通过与数据库中的图片进行比对，从而实现对目标的精准定位，有效减少机场突发事件发生的几率。

7.3.4 快速恢复能力

机场现有跑道运行能力使得其在面对恶劣天气、能见度降低的情况时，相比国内普通机场更能够沉稳应对。随着浦东机场航班量的逐渐增加，当遇到持续的低能见度天气时，仍会导致大面积航班的延误和返航备降，而地面的气象要素特征对能见度变化有着非常重要的影响。

机场要建立起智能化的飞行调度与复原体系。基于大数据、运筹规划、人工智能等相关技术与方法的智能飞行规划恢复系统，其主要特征和优点是对复杂的业务规则进行了梳理，其核心是利用与航空公司的实际操作相匹配的运算法则，从而实现智能化的航班调度优化。

做好对航班延误的专业评估。由于飞机调度中的复杂因素较多，因此在进行飞行时间分配时，必须对飞行时间进行影响评价，从而避免由于不合理的航班安排而造成的延误。在实施专业评价的过程中，必须对国内航线的总体规划进行全面的评价，但由于国内航线规划的覆盖面比较广，专业性比较强，所以在具体实施过程中，建议采用历史数据统计的方式，对计划延误程度进行评价[1]。

引进和尝试天气预测和决策。当低能见度天气发生时，民航气象部门及时发布机场警报、机场预报修订报、重要天气提示和启动大雾天气黄色预警，并通过电话和视频会的方式通知管制用户，确保气象预报结论的实时更新和沟通顺畅。

加强行业监督，严格执行航班计划。良好的监督是促进航空公司严格执行航班计划的推动力，建议加强对航班计划排布的监督，并建立相应的惩罚措施。比如可以考虑引入主体互相监督和公众参与监督的形式，促进航空公司严格执行既定的航班计划。

参考文献

[1] 何昕，宫献鑫，王春政，等. 枢纽机场航班延误恢复模型研究[J]. 科技和产业，2018，18(8)：124-127.

第 8 章

平安机场未来建设模式展望

8.1 平安机场建设成效

8.1.1 安全设施建设

近年来，民航业为响应国家对“智慧城市建设”的号召，开始推广“智慧机场”的概念，即利用物联网、云计算和大数据等技术来建设改善旅客体验、机场应急能力和运营水平的智慧航空服务系统。目前，用于机场设施设备的物联网技术已经相当先进，但随着机场设施设备性能的提升和不同终端的数量的增长，目前的网络通信技术在安全、实时性能和数据传输速率等各方面都达到了一定的极限。5G、人工智能、物联网等新兴技术是当前发展的前沿领域，由于他们能将“万物进行连接”，在机场的发展中，他们能起到巨大的推动作用。随着5G和人工智能技术的普及，它们在监控系统、旅客登机桥和行李分拣等领域的应用将会进一步发展。

利用互联网技术建立的管理机场设施和设备的系统可以为不同区域提供精确的地理位置和智能规划，进而提高整个机场的整体安保能力和工作效能。

1. 无接触服务

目前，大多数物联网应用都使用了低传输速度的无线通信方式，如无线通信技术(Wi-Fi)和远距离无线电(Long Range Radio, LoRa)等，当大量机场设备进行访问或大量信息(如图像和视频等)进行传输时，就会造成系统延迟和堵塞。在行李分拣、装机和分发中，大多数手持式掌上电脑(Personal Digital Assistant, PDA)都通过Wi-Fi传输数据，但Wi-Fi的稳定性不好，且容易受到干扰，致使PDA在扫描条形码后可能无法及时接收行李分拣信息，降低了行李分发的效率。此外，机场终端的自动查询系统使用4G线路通信，如果附近有很多4G用户，就会破坏网络速度。5G的数据传输速度比4G快几百倍，而且5G的超密集多层异构网络技术能让多个设备在同一时间内工作，提供了运行安全保障[1]。

2. 人工智能

人工智能(ArtificialIntelligence, AI)和预测手段的应用，以及有助于改进机场运营模式的数字映射的创建，是基础设施有效利用方面的重要技术。技术的运用使工作更加灵活和准确，这就是减少过程的耗时和节省费用，同时也会对管理和为旅客提供的各种业务带来直接的冲击。浦东机场可以使用AI等一系列举措，包括平台和航站楼内的视频分析，分析飞机在转机停留时发生的情况，并分别监控乘客的流动和排队情况，以及无接触式解决方案，例如，提供无接触式身份检查的生物识别面部扫描。随着数据交换“甚至通过云端的数据库连接”的出现，航班的预测性运营将会发生变化，而这些变化可能会大大改善航班运营并有助于实现更综合的决策过程。

3. 物联网

机场利用物联网和商业智能技术能够对客流和排队进行智能管理，从而提升机场运行效率。例如，在机场主要旅客动线附近安装摄像头，结合人流计数工具，准确判别当前客流量，为机场管理人员提供有效信息以实现排队管理、突发事件预警等，助力机场实现资源的及时调配与利用。

通过物联网技术，可以对飞机的飞行安全保障设备进行实时再配置。例如，出现飞机因航班延误需要更换航站楼或登机口的情况，可以使用物联网技术帮助进行资产跟踪与维护分析，提前将变更信息传递给机场相应部门，帮助调整并调配清洁人员和有关设备，保障机场整体运行效率。

以浦东机场为例，在进行物联网技术部署后，系统能够自主进行机位分配、智能控制助航灯、准确定位托盘、拖斗、工作梯等机场无动力设备。另外，物联网技术也是浦东机场运营管理信息化、智能化和安全化的基础。浦东机场智慧机场系统集成华为云大数据平台和百度智能算法，能够自动、智能进行机位分配，从而提高效率，减少分配冲突。通过物联网，系统能够动态收集机场信息，可以提高近场的使用率以及靠桥率，从而减少了乘客的乘车时间，使旅程更加方便。当飞机机位需要重新分配时，该智能系统可以提高机场的应急能力和响应能力。

在机场安保中，物联网技术目前主要用于机场周界保护，通过对入侵和破坏行为进行预警和通知，确保机场安全。物联网入侵预警系统能够通过传感器收集大量环境信息，并根据预先定义的标准自动分析这些信号，以识别和检测入侵行为，并选取相应的预警方案，同时系统还具有环境自适应机制，可以根据气候变化自动调整算法，减少误报，从而实现全天候、全方位的入侵防范。根据各种传感器的位置，该系统能够准确定位入侵者和故障设备，便于进一步运行和维护管理。

在物联网技术的飞速发展的背景下，通过云对收集到的数据进行储存、融合、计算和分析，可以完成“事前感知、事中处置、事后检测”，实现机场安全系统数字化、智慧化转型，有效协调机场各相关部门及单位，做到“一处预警、多处联动、立即反应”。如果在机场的某个报警防区出现警报，广播系统将自动播报相关的警报信息，提醒工作人员及旅客注意，保障机场的安全。然而，围绕数据隐私的政治限制将在未来一段时间内阻碍这一技术的广泛采用。但无论如何，5G、人工智能和物联网技术已经拥有了一个充满希望的未来，随着旅客旅行习惯的改变，在平安机场建设中推进新一代技术应用已成必然。因此，机场应积极与各方合作，出台支持政策，合力推动新技术的应用与发展。

8.1.2 安全环境建设

机场安全环境建设任务主要包括运行安全环境、空防安全环境、风险防控等方面。

运行安全环境方面，机场应深入推进标准化建设。安全管理体系是安全管理的系统化方法，要求通过对组织内部的组织结构、责任制度、程序等一系列要素进行系统管理，形成以风险管理为核心的体系，并实现既定的安全政策和安全目标。机场应以科学发展和安全发展为总体要求，以安全管理体系和航空安保管理体系为核心，不断完善安全管理模式、实施程序和操作要求，提高安全管理的整体水平[2]。

安全管理体系的四个部分[3]是实施安全管理体系的基本要求，其中安全政策和目标提供了 SMS 的基本框架和一般要求。安全风险管理是通过识别危险源、评估相关风险和采取适当的缓解措施来实现的。安全保证通过不断监测 SMS 对国际标准和国家法规的遵守情况来确保达到其预期的安全性能。安全促进提供了必要的培训和沟通。

同时，加强新一代安全技术应用，推动场面监控预警可视化系统、航班进程管控节点自动录入系统、机场周界雷达安防智能监控和告警系统等一系列机场安全系统建设。例如，浦东机场建立了跑道防侵入协调平台，能够实现跑道侵入事件数据分析，同时建立并完善安保审计检查单辅助系统，提高安全监督的工作质量。在安全教育培训方面，机场应进一步提升工作人员的空防安全意识，强化空防安全理念，提高风险防控能力，严格落实安全生产责任。此外，机场应积极推进安全绩效管理体系建设，通过科学合理制定不同层级、不同部门的安全绩效指标和行动计划体系，做到“层层有指标，人人有职责”，形成一个完整、覆盖全面的管理系统。

空防安全具体包括鸟击事件防范、助航灯光系统、机坪运行管理、跑道 FOD 防范等。机场应以新发展理念和总体国家安全观为安全工作指引，建设机场空防安全法规标准体系、航空安保管理体系、安保风险防控体系三大空防安全体系，以民航安保高质量发展行动纲要为指引，以平安民航建设为载体，坚持民航“六严”工作理念，筑牢地面、空中、内部三条防线，防范空防风险。首先，机场需要深化空防安全治理改革创新，推行领先于世界的管理理念和管理模式。其次，机场应强化科技化、智能化的防范手段运用，促进机场生产运行及安保大数据深度融合，促进企业运行规模与其空防安全保障水平相匹配。此外，机场应推行差异化安检新模式，实现安检提质增效。最后，机场应从严遵守相关规章标准，确保安保要求在机场建设过程中落实到位。

以下具体案例说明目前机场空防安全的建设成效。在鸟击事件防范方面，大兴机场在空港周边鸟情观测的数据基础上，建立机场智慧鸟情监测系统，基于鸟情数据库，使用光电系统实现自动识别鸟情，并自主激活相应的驱鸟设备以迅速驱赶鸟类，达到鸟情观测数据科学、精准，驱鸟手段智能、有效的效果。海口美兰国际机场（Haikou Meilan

International Airport）在助航灯光系统方面，积极推进助航灯光风险控制与应急管理系统建设，做到实时风险预警、精准查询故障灯箱位置、迅速获取故障处理所需信息与资源、高效完成突发应急故障处置。在机坪运行管理方面，白云机场以机坪指挥调度平台为抓手，将机场管理数据库与人工智能技术融合，实现机坪管制核心业务全流程数字化、智能化、精细化管控。在跑道 FOD 防范方面，第三届民航技术装备及服务展上辰创科技展示了自主研发的"鹰眼"机场跑道 FOD 智能检测系统，能够实现对跑道异物的高精度实时检测。

风险管理机制也是安全环境建设的重要保障之一，机场应实施风险管理制度和程序，对现有的识别、评估和监测风险的跟踪体系进行改进，加强安全控制。2022 年 8 月，民航局颁布的《民航安全风险分级管控和隐患排查治理双重预防工作机制管理规定》（以下简称"管理规定"）进一步为机场风险管理机制的建立提供了指导。机场可根据管理规定中对危险源、安全隐患等的新定义，以机坪保障关键环节为抓手，系统梳理大风、雷雨、冰雹等极端恶劣天气保障过程中存在的危险源和安全隐患，进一步完善各风险源的管理机制，确保相关责任落实到岗位和个人，同时积极开展绩效管理工作，按照绩效管理目标及重点风险控制项目制定有效措施。机场可以采用风险管理信息系统，如深圳机场就通过流程优化和信息化手段实现风险识别、风险评估、风险应对和监督检查的业务闭环管理以及对风险预警、风险案例、风险提示的管理表单和管理流程固化，全面实现风险管理的规范化和标准化，提高风险管理的效率和效果。

在数字化转型的背景下，机场应重视发展安全信息化，并将信息技术赋能机场安全管路作为推动机场安全环境建设的一项重要内容。同时，机场应持续提升数据安全风险的动态识别评价和风险事件的应急处置能力，特别是加强对关键岗位、关键业务流程和供应商、合作商的管控，提升数据运营的合规性，着力规划网络安全防护体系建设，聚焦安全防护能力构建，建立健全网络信息安全责任制度，明确网络安全责任，规范日常运维服务标准，切实做好网络安全防护和系统运维保障工作。

8.1.3　安全信息利用

数字化、网络化、智能化已成为当今时代的鲜明特征。大型国际枢纽机场汇集来自全球的人流、物流、资金流、信息流和数据流，本身就是各类交通、商业、人群活动大数据的产生来源。下面以浦东机场为例对机场安全信息利用建设成效进行介绍。浦东机场是一个集航空、地面公交、轨道交通（磁浮、地铁）、出租车、社会小汽车、长途客运和网约车等多交通方式于一体的国际化综合交通枢纽，其交通大数据的全时域、全局性特征，可以为机场陆侧交通管理提供较为完整的运行状况展示，这样就可以作出科学的决策，改善机场交通管理。同时，机场积极推广交通数据使用的新方法，系统地思考并主动探索提高路侧交通服务和保障水平的新途径，实现对交通管理的精细化，取得了较好的综合绩效，获得了行业和社会公众的高度认可。

在旅客出行的整个客运链中，包括乘客本身、交通运营商和交通管理部门等主体的大量交通数据不断产生，使数据库每时每刻都在收集机场客运的准确情况。对此，浦东机场坚持正持续扩展交通大数据应用场景，通过大数据平台帮助进行陆侧交通的运营管理。

首先，浦东机场一手交通数据进行直接收集。通过机场传感器收集、旅客信息数据库提取以及现场调查等方式全方位收集和检索交通出行的数据。主要包括轨道交通、飞机等各种交通方式信息系统中记录的电子交通数据，旅客来源地和出行过程中多交通方式的总费用和总出行时间等部分无法自动记录的交通出行信息，以及开发建设的智能化设备监测系统实时监测采集到的各类交通数据等。

其次，基于多源数据融合，机场支持实现交通出行“空侧-陆侧”无缝衔接。目前，浦东机场已初步实现两方面数据融合运行。一方面是落实“空地一体”数据协同，支持出租车智能调配，即根据到达航班批次信息及旅客数量，估测在某一时间段内旅客乘坐出租车的需求，按此匹配出租车运力资源，并通过对出租车蓄车场、缓冲区、站点这一运行和管理链路进行全过程动态调度。另一方面，机场加强“多部门、多类型”数据融合，将不同平台系统数据、不同业务部门数据融合贯通，全面整合在一个系统中进行，从而能够控制全部态势，弥合信息差距，实现全局整合。

最后浦东机场分阶段推进数据驱动的交通运行控制系统平台和子系统开发。主要包括以下方面。

(1) 陆侧交通数据实时三维可视化融合运控平台。三维可以在三维场景上可视化、检索和读取停车清单和详细的生产指标。该平台作为陆侧交通管理信息化运行平台的核心系统，可以对浦东机场陆侧交通管制与保障区域的三维场景进行可视化及场景导航，再对接二维地理信息系统并进行交互，可以实现可视化的三维场景与二维地图之间的数据交互与联动。三维场景上还可以可视化地显示、调取、读入类似于停车楼剩余车位及拥堵情况、缓冲区的流量及调度指标、车库的库存、流量、效率和调度指标、实时航班情况、机场各种交通工具的流量指标等在内的生产指标。此外，还可在可视化的三维场景上实现陆侧交通数据等类型较丰富的数据融合展示。

(2) 基于“空地数据协同”实现出租车智能调配运行。系统实现航班信息、旅客数量和出租车资源调配的“空地协同”，根据航班运行动态推算出租车站点需要配备的供车数量和频次，实现智能化调配出租车至站点，提高供车效率。系统所形成的数据也接入三维可视化运控平台，进行实时传输、实时指挥、统一管理。

(3) 动态实时显示旅客排队数据的分析结果，改善旅客现场候车体验。乘客在排队时往往会变得焦躁不安，感到焦虑。为此，“站点旅客排队智能统计与提示系统”通过视频传感器收集和识别进入站点的乘客数据，动态计算乘客所需的排队时间并显示在排队区域的电子屏幕上，使乘客能够评估和确定最佳的交通方式，并辅之以浏览性文化设施，供人们在站点排队区域观看，以改善和提高机场航站楼内的现场乘客体验。

（4）通过跨时空、跨域分析数据，加强交通运行违法监管。浦东机场使用“非法营运智能识别预警与管理系统”，在非法营运常见区域安装图像采集与识别设备，当识别出记录在案的“黄牛”时，系统能够及时进行警报，从源头上遏制非法营运行为。该系统还可以实时监测在非正常排队等待乘客的出租车车辆，这减少了对旅客服务质量和安全的潜在风险，并防止了欺诈行为。此系统上线后，浦东机场经常出现的夜间“黑车”“黄牛”问题得到了有效解决，旅客乘车时的服务质量与人身安全得到了保障。

大数据分析被用来支持运营和管理决策。浦东机场利用各种交通大数据的信息和特点，诊断陆侧交通常出现的问题和困难，有效提高了运营效率，并帮助管理部门进行决策。如浦东机场在停车场所收集到的车辆进出数据的基础上，开发智慧停车系统，系统能够对停车时间和车辆资源利用进行预估与判断，并作出相应决策。在智慧停车系统的帮助下，机场能够动态调整停车设施的运营管理，根据车流量动态调节停车费，合理利用停车场资源。

浦东机场通过在陆侧交通运营管理中使用交通大数据，实现了不同陆侧交通数据的整合，支持空中和地面客流的无缝对接和转化。陆侧交通管理平台和子系统软件通过智慧分析板块，能够实现多运输方式的“空地协同”，处理“跨部门、跨类型”的多种数据和信息，并将不同类型的数据在三维可视化场景中显示，以提高运营管理决策效率和反应能力，并为交通保障部门对陆侧交通安全的分析提供支持。同时，为使旅客实现“一站式出行”，浦东机场基于交通大数据改善了旅客出行服务。例如，利用从交通大数据中获得的出行时间和空间信息，旅客可以更准确地优化旅行链中各个环节的连接和转化，实现无缝旅行，最终改善旅行者的旅行服务体验。

8.2　未来展望

8.2.1　主动防御

主动防御是指在危险发生前，机场具备对风险隐患的识别、分析、跟踪和处置能力。在进行平安机场的主动防御建设时，工作应聚焦于航空安全防范能力和业务平稳运行能力的建设。

1. 航空安全防范能力

航空安全防范聚焦空防安全和治安安全，通过筑牢整个机场的安全防范体系，确保公共环境安全稳定。为了提高航空安全防范能力，机场必须前移安防关口，通过全面的安全数据收集，注重信息支持和预警，依靠技术创新，提高主动技术检测能力，重视物理设施的安全设计，提高其抗破坏能力，建立多层次、立体化、全方位的机场内部和外部融合的安全防范体系。通过前移安防关口，能够提早发现或辨识潜在危险人员蓄意破坏的风险行为，以降低对机场正常生产运行的影响。机场航空防范能力建设可以通过三方面的工作提升。

(1) 信息预警。机场应建立一个综合管理平台和动态管理数据库以保障安全，还可与国家安全机构和入境口岸等部门建立适当的沟通和数据交换渠道，以获取可疑人员的信息和重要涉稳信息，开展信息的综合分析及安全态势预测，从而在旅客购票、进出港等过程中实现预先性、针对性的风险识别和防范。同时，还需要监理信息共享系统，共享范围包括单位内部的各业务部门、中心等，单位内部的各分子公司、基地等，集团内部的各成员单位以及日常运行中有业务联系的其他单位。

(2) 技术支撑。机场需要采用各种技术防范措施，如生物识别技术、智能视频分析技术、电子围栏和探测器等，对机场各区域(包括航站区和飞行区)的重要物体和重要目标(包括飞机)进行全面、立体的智能保护。各种技术防范手段应形成一个完善的安全防范系统，综合考虑机场的特点、需防范的区域和需防范建筑物的具体的结构、布局和功能，巧妙灵活地设置不同的防范系统，并合理、有机地把它们组合在一起，使得各类技术在航空安全防范中最大限度地发挥作用。

(3) 设施防护。机场应在进场路、航站区(楼)、飞行区等不同层级的入口及空陆侧交界处设置相应的安全保卫设施，并开展安全防范能力评估，根据需要可适当高于相应的设施设备标准。除航站区(楼)、飞行区等机场控制区外，还存在着诸多如果遭到损坏或破坏，机场功能将受到严重损害的机场设施和部位或与机场相毗邻的设施及相关区域，包括塔台、区域管制中心，导航、通信设施，机场主、备用电源和变电站，机场供油设施，机场供水(气)站，弱电(信息系统)机房等，同样需要给予足够的重视。常见的安全保卫设施包括物理隔离设施，如围栏(墙)等、视频监控系统、入侵报警系统、安全保卫照明设施、可疑物品处置装置以及路障设施等。

2. 业务平稳运行能力

业务平稳运行聚焦运行安全，通过对影响机场正常生产运行的重点因素进行系统治理，确保整个机场系统运行的平稳有序。为了提升业务平稳运行能力提升，机场应结合实际，以业务要素为划分依据，聚焦整个机场系统，涵盖航站区、飞行区及空域等全方位业务，并同时突出机场全方位业务的设施设备运行，尤其重点关注航站区的地面交通运输、航空客货运输、飞行区运行、空中交通管理、机场设施设备运行等方面。

(1) 地面交通运输。机场需要简化进出机场的交通路线，优化机场周边的交通标识，加强道路安全管理，尽量做到人车分离、客货分离，确保道路安全。

(2) 航空客货运输。机场应将客货运输业务流程中的各相关单位的需求纳入考虑，包括直接、间接服务于旅客、货物的值机、安检、航食、能源等机场各运行保障单位，整合资源、效率、便利等因素和要求，确保在极端天气和公共安全突发事件等复杂且具有挑战性的运营条件下，旅客和货物在机场顺利有序地进出。

（3）飞行区运行。机场必须实施一系列有效措施，系统有效地管理对机坪运行和飞机安全有重大影响的因素，如机坪运行管理、净空管理、无人机管理、FOD 防范、鸟击回避、跑道侵入回避、不停航施工管理等。另外，机场需要明确飞行区场地设施运行标准、安全目标和责任主体，建立飞行区的例行巡视管理工作制度，检查、维护和控制跑道、滑行道、停机坪表面、空侧场地、围界、控制车道和排水设施等设备的状态，确保其符合《民用机场运行安全管理规定》《民用机场飞行区技术标准》等法律、标准和技术规定的要求，并始终处于适用状态。

（4）空中交通管理。鼓励机场与空中交通管制组织合作，一同建立现代化、安全和高效的空中交通指挥管理机制，将空中和地面结合起来，提高对空域资源的认识，增加对基础设施的投资，改善空域资源的开发和利用，促进新型通信、导航和气象服务的使用。机场应明确空管设施的运行标准，建立空管设施的各类运行管理制度，通过制度的落实不断提高安全管理水平，确保空中交通管制设施运行符合国家法律、民航局行业规范的要求，并始终处于适用状态。

（5）设施设备运行。鼓励机场对所有类型的设施和设备实施全生命周期管理；利用物联网和传感器技术监测关键设施和设备的运行状态，收集日常数据并提供智能诊断和警告，重点设施设备在发生故障或性能指标下降后，会对机场生产经营、服务质量、安全运行产生较大影响，需要对其有足够的重视；加强对运行和维护人员的培训，以提高设施和设备的使用寿命和可靠性，并确保在机场运行期间，所有类型的设施和设备始终能够正常运行。

8.2.2　快速响应

随着客运量的不断升高、机场规模的不断扩大、机场数量的不断增加，各种突发事件时有发生，一旦突发事件不能得到有效快速合理的处置，造成人身安全和财产的损失，必然会引起整个社会的恐慌和关注，会给民航发展、社会稳定等带来极大的负面影响。为准确把握新形势新挑战新要求，机场应在进一步健全完善应急救援体制机制、加快提升综合应急救援能力、夯实应急管理基础上狠下功夫，以更加扎实有力的工作，不断提升机场应急处置能力，降低不正常事件的发生率、减少带来的人身伤亡和财产损失，将给机场和乘客带来的不利影响降到最低，防止事件进一步扩大，保护乘客的生命财产安全。机场可通过以下方面提升自身快速响应能力建设。

1. 切实加强组织领导

成立应急救援指挥领导小组，下设办公室负责日常工作，将应急救援工作纳入民航及各地方政府应急救援体系中，根据上级组织领导统筹协调各机场积极开展应急工作日常管理。建立应急救援的领导责任制和工作责任制，健全应急管理相关机构，初步建立以分类、分级负责、部门和单位整合、地方管理为基础的应急管理体制。

2. 优化完善应急预案体系

在往年编制的系列应急预案基础上，机场继续完善具体实施办法，加强对预案的动态管理，针对人员变动及不足之处，及时修订完善各类应急预案。首先，各机场的应急管理救援工作应当归入地方政府总体应急体系，坚持预防与应急相结合的原则，坚持驻军、企业、社会力量、专职队伍相结合的人员部署，坚持行业安全事故与其他灾害应急体系相补充的思想，利用现有专业和社会应急资源，整合、协调工作，建立快速反应的紧急联动机制，发挥作为整体的优势。应急预案的编写要做到准确实用，保证内容的全面覆盖。应急预案首先应覆盖可能发生的全部突发事件类型，如自然灾害类、事故灾害类、公共卫生事件类和社会安全事件类等。其次，应完善应对突发事件的组织指挥体系，包括机场应急委、机场应急办、机场应急联动中心、机场应急联动等。最后，应急预案中还应纳入应急预警、应急处置、后期处置、监督管理等全流程的相应内容。

3. 建立应急救援队伍

应急救援队伍应在机场应急救援领导小组的领导下，由机场应急救援指挥中心进行组织和协调，机场应急救援队伍涉及的相关部门或人员包括空中交通管理部门、驻场消防部门、驻场公安机关、驻场医疗部门以及航空器营运人及其代理人等。机场应积极开展应急救援队伍建设，配备相应的物资装备，同时加强应急救援队伍能力培训，提升队伍应急处置能力。此外，机场还应以各单位工作人员为基础，组建兼职应急救援队伍，重视兼职应急救援队伍的综合素质和工作能力，开展相应的应急培训，充分发挥各单位工作人员在防范和应对突发事件方面的就近优势，以配合专业应急救援队伍做好相关处置工作。

4. 加强应急保障物资储备

机场应建立应急安全和物资储备系统，储备常用和必要的物资和设备，并与相关的地方组织签订紧急救援互助协议，在紧急情况下提供援助。优化完善现有抗击冰冻雨雪、抢险救灾、公共卫生等应急救援物资储备，形成布局合理、种类齐全的专业应急物资储备体系。

5. 完善突发事件应急业务培训、宣传长效机制

机场高度重视应急管理培训和宣传工作，科学编制培训计划，多次组织相关人员参加专题研讨和案例分析等培训学习，对员工开展多次应急救援有关知识考试、复训，定期组织相关单位及人员学习应急救援知识。同时应根据机场实际，通过航站楼电子显示屏、广播、宣传画册等渠道开展应急知识的宣传普及。机场应当定期组织包括综合演练、单项演练和桌面演练在内的应急救援演练，通过跨部门联合实战化应急演练，检验机场及各救援单位综合应急处置能力，加强机场应急体系和能力建设。加强公安、急救、消防等重点单位的日常培训和实战演练，从理论和实际两方面提高员工在面对突发事件时的自救互救能力和应急处置技能。应急救援预案的效果想要落实，必须有效地进行培训和实战，建立相应的管理体系，做到专业的人指导预案、收集信息、评估效果。

8.2.3 安全组织与制度体系

安全管理体系是平安机场建设过程中必不可少的一部分，因此在未来机场建设中，需着重关注机场安全组织与制度体系方面的建设，为安全管理体系打下基石。

安全组织与制度体系建设主要可分为组织架构、人员防范、风险管理和绩效管理四个方面。

组织架构上，正如本书第 3 章中所提到的，权责明晰、管理高效的组织机构是安全管理体系发挥作用的保障。除机场安全管理委员会、安全生产委员会、安全管理部门、运行管理和保障部门外，在未来机场的建设过程中，还可依据实际情况增设高新技术部门，紧跟高新技术发展前沿，评估高新技术在未来安全机场建设中的可行性与必要性，并在适当时候进行引入。在部门负责人的选择上，应从技术人员中进行任命，最大限度给予部门选择与评估高新技术的自由。另外，还需为高新技术部门推广技术提供制度保障，扫除组织障碍。

人员防范即通过为机场所有岗位的所有职工提供安全教育培训，提高其工作能力、业务水平和综合素质，使其有能力执行安全管理的相关任务；并通过培训强化全体职工的安全防范意识，在日常工作中养成未雨绸缪的习惯。在未来机场的建设过程中，除目前已有的安全教育培训内容，还应着重加强由于互联网技术高度发展而可能导致的信息泄露、信号干扰、网络安全等问题，避免此类新兴技术对机场安全造成的威胁。此外，也可以把握互联网飞速发展的趋势，积极关注国内外机场发生的不安全事件或新采用的保障安全的技术及方法，并定期组织本机场管理人员与相关机场管理人员进行密切交流，然后将得到的经验以日常培训的形式传递给机场所有职工。

风险管理是识别、分析和消除危险或将其风险降低到可接受水平的过程，是机场日常

运营管理的重要组成部分，也是机场安全管理体系的一个基本概念。风险管理可分为识别风险源、分析风险源和控制风险源三个部分。识别风险源即在机场日常运行过程中对可能引起人员伤害或财产损失的情况和条件进行识别，从而确定机场的安全风险状况。识别风险源主要在于收集数据和描述风险。数据收集上，传统的数据有运行监控、调查报告、日常反馈、国家及行业报告等，在未来机场的建设中，数据收集也可采用新兴技术进行，如在机场中引入人工智能技术及巡逻机器人，实时抓取机场的画面，并与远程罪犯数据库、标准安全画面等进行对比，由计算机自动识别机场中可能存在的风险，再由相关技术人员进行复核，从而更快速高效地识别机场中的非常规情况，为识别风险源提供便利。另外，可以对往年发生的不安全事件进行关联分析，寻找风险事件的内部联系，从而发现导致风险事件的潜在原因，在源头进行控制。在描述风险时，也可利用新兴技术对风险进行相关设备设施及涉及工作人员的关联，以便快速定位负责人并对风险源进行后续管理。通过风险分析，机场能够进一步健全和完善各项安全管理制度，尽可能消除各类安全隐患。目前常用的风险分析均为组织专家利用层次分析法、风险矩阵等评价方法对风险进行分析。在未来机场的建设过程中，同样可以利用机器学习、大数据等方法，综合研究往年风险事件发生的情形，预测其在目前情境下发生的可能性和发生后可能产生的后果，从而得出更符合实际的结论。另外，也可以通过情景模拟等方法直观模拟该风险源在不进行额外控制的情况下可能产生的后果，从而确定该风险源的风险度。对于风险度超过接受范围的风险源，应该及时进行控制及监控。风险处置通常按照风险源所属部门及层级进行，但对于风险度较高的重大风险，一般由机场管理部门解决。然而，也存在一些重大风险无法进行处置的情况，此时一般会设置物理防护和警告标志，并对相关人员进行处理危险的培训从而做好风险源发生危险的准备。在未来机场的建设中，此类风险便可由专门的机器人进行，既能最大程度地减少风险发生对人员的伤害，也能进行标准化的危险处理行为，同时也可记录危险发生时的具体情况及残余风险，为之后进行风险预案计划提供资料支持。此外，在风险源监督及不安全事件调查方面，也可利用机器人进行，从而避免由于风险源仍存在危险等情况对职工造成的威胁。

安全绩效管理主要由项目、指标、目标、预警、行动计划等要素共同组成，是机场在安全管理方面需要重点管控的内容。安全绩效指标是安全监督和审核的依据和评价标准，合理而全面的安全绩效指标才能保证绩效管理的效果。传统的绩效指标有事故、事故征候、不安全事件数量等，在未来机场的建设过程中，可以通过机器学习研究过往案例总结提炼出新的安全指标进行绩效评价。另外，传统的安全绩效监测与考核通常是由专业工作人员进行的，这就无法避免主观性等人为因素造成的误差。通过引入机器人进行绩效捕捉，再编写考核程序进行绩效评估，就能完全杜绝因主观性而导致的非公平情况的存在。

综上所述，在未来安全机场的建设过程中，新兴技术的不断涌现能为未来机场的建设提供更多的可能性，通过设立高新技术部门，引入新兴技术，教育培训机场职工，可以更好地在安全机场的建设过程中进行风险管理和绩效管理，从而健全和完善安全组织与制度体系，为安全管理体系的顺利实施提供坚实的基础。

参考文献

[1] 关山度.5G 物联网技术在机场设施设备应用的探讨[J].空运商务，2020(12):46-49.

[2] 殷宣.砥砺奋进二十载　同心共筑枢纽梦——热烈庆祝浦东国际机场通航 20 周年[J].航空港，2019(5):16-18.

[3] 中国民用航空局.运输机场安全管理体系(SMS)建设指南[EB/OL].(2019-07-10)[2022-10-20].http://www.caac.gov.cn/XXGK/XXGK/ZCFB/201911/t20191104_199328.html.

附录

浦东机场安全管理样例

1. 机场安全政策样例

浦东机场将贯彻执行“安全第一，预防为主，综合治理”的方针。

在所有活动中，安全始终是首要任务。“安全第一，预防为主”的政策需要在基层和所有岗位上都得到落实，以确保每个人都把安全放在第一位，自觉遵守安全规则，积极主动发现安全问题。

浦东机场承诺做到下列事项。

(1) 建立安全目标责任制，对各层级的安全目标每年都进行责任说明，并定期审查是否达到目标。

(2) 加强安全培训，建立内部自愿报告制度，提高安全意识，引入风险管理方法，培养积极的安全文化。

(3) 注重科技兴安，增加资金投入，确保机场设施和设备符合民航局的监管标准和安全运营要求。

(4) 完善安全绩效评估体系，最大限度地调动所有人力资源的积极性以确保安全。

(5) 重点关注机场突发事件应急反应，加强培训、演练，从而有效提高突发事件应急反应能力。

(6) 开展安全监测，促进安全风险报告，努力发现系统缺陷并认真组织消除。

(7) 建立重大事故责任追究制度，对因严重违法或失职并造成严重事故的，依法追究责任。

(8) 不断提高安全水平，促进机场标准和措施达到甚至超过民用航空安全标准。

(9) 承诺加强安全基础设施，提供与机场规模相称的人力、物力和财力。

(10) 主动接受管理局的监督和检查，积极主动地改进工作。

(11) 倡导改进协议管理模式，与合约方签署协议并监督其执行情况。

2. 岗位基本安全风险评价档案

岗位基本安全风险评价档案样例见表 A-1。

评估至少应包括以下项目。

(1) 人员：包括上岗资格、能力要求和人员状况等；

(2) 设备：包括适用性、基本性能和条件测试、拟采购设备的适用性；

(3) 环境：包括自然环境和技术环境，特殊环境下对人员、设备和程序的要求；

(4) 工作程序：是否反映了过程的目的、功能、可操作性和可控制性，是否能满足标准操作程序的要求。

表 A-1　岗位基本安全风险评价档案样例

岗位基本情况					
岗位名称		编号		部门	
岗位职责					
设备工具			材料物料		
岗位风险管理					
编号	危险源名称	可能导致的后果	风险度	风险缓解措施	风险缓解后的风险度
评估人员			评估方式		
安全评估记录					
记录号	评估事件			整改方案实施效果	
历史事件记录					
记录号	事件内容			建议	

资料来源：中国民用航空局. 运输机场安全管理体系(SMS)建设指南[EB/OL]. (2019-07-10)[2022-10-20]. http://www.caac.gov.cn/XXGK/XXGK/ZCFB/201911/t20191104_199328.html.

3. 机场突发事件类型

机场突发事件包括航空器飞行事故、劫机炸机事件、机场运行突发事件和对机场运行产生重大影响的突发事件，机场运行突发事件包括：

（1）飞行保障突发事件：跑道突发事件、导航设备照明突发事件、净空控制突发事件、鸟击防范突发事件和围界控制突发事件等。

（2）空防保障突发事件：飞行区入侵突发事件、旅客安全检查突发事件、货物安全检查突发事件、飞机监视突发事件、内部人员和车辆管理突发事件、机场重要设施和设备安全突发事件、机场重要活动相关突发事件等。

（3）航站保障突发事件：航站楼设施设备突发事件、航站楼安全突发事件、航站楼火灾突发事件、航站楼公共卫生突发事件、货运站突发事件、航站楼道路（进机场道路）突发事件、航班延误处理突发事件等。

（4）运行指挥突发事件：机场转机及贵宾保障突发事件、机场重大活动保障突发事件、机场通信系统突发事件、机场广播系统突发事件、机场信息公开系统突发事件、机场监控系统突发事件等。

(5) 信息保障突发事件：机场信息系统突发事件(特别是有重大影响的如离港系统突发事件)、空中交通显示系统突发事件等。

(6) 动力能源保障突发事件：如电力、供水、供暖和制冷、燃气供应、污水和废物处理等突发事件。

(7) 施工管理突发事件：机场施工期间的突发事件、各种与施工有关的会影响上述系统的正常运行的突发事件。

(8) 机场消防突发事件：机场火灾突发事件，在上述系统运行过程中发生的火灾突发事件。

(9) 机场其他突发事件：对机场管理和运营有重大影响的其他突发事件，如新闻报道的相关突发事件。

4. 对机场运行产生重大影响的公共突发事件

主要指影响民航正常运行的自然灾害、事故灾难、公共卫生事件和社会安全事件。

(1) 自然灾害：包括洪水和干旱、气象灾害、地震、地质灾害、海洋灾害、生物灾害、森林火灾和草原火灾等。在这些灾害中，台风、沙尘暴、大雨、雷暴、大雾、极端高温、极端低温、大雪和暴雪等天气灾害以及其他特殊天气事件对机场的影响最大、最频繁。

(2) 事故灾害：主要是指工矿商贸企业的各种安全事故、交通事故、公共设施和设备事故、环境污染和生态破坏等。

(3) 公共卫生事件：主要包括传染病暴发、群体性不明原因疾病、食品和职业安全隐患、动物疫情以及其他对公众健康和安全有重大影响的事件。

(4) 社会安全事件：主要包括恐怖袭击，经济安全事件和涉外突发事件等。

后　记

白驹过隙，弹指一挥间，浦东开发开放已30余年。作为上海改革开放和浦东开发开放的重要标志项目，浦东机场于1997年10月动工，1999年9月竣工通航。随着2022年年初机场四期扩建工程的开工，浦东机场预计可在2030年满足年旅客吞吐量1.3亿人次的保障需求。作为世界级的航空枢纽，浦东机场为上海和浦东的发展提供了极大的推动力，中国国际航空枢纽的梦想也由此起航高飞。可以说，很多人对于浦东乃至上海的第一印象，正是从浦东机场开始的。

为深入贯彻落实新发展理念，全面推进民航强国建设，加快民航高质量发展，民航局于2020年秋季发布了《四型机场建设导则》。《四型机场建设导则》发布后，上海机场集团积极响应，以实现民航机场四型高质量为发展目标，进行了大量的建设工作，取得了不俗的成果，努力将浦东机场打造成符合新时代民航高质量发展要求、满足人民群众美好出行需求的现代化机场。

四型机场以“平安、绿色、智慧、人文”为核心，其中，“平安”是基本要求，更是保障机场持续、平稳运行的基础。在浦东机场规模不断扩大、安全管理链条越来越长的情况下，上海机场集团上下格外重视“平安机场”建设，针对薄弱环节，在安全管理精细化、运行保障系统化、规章标准制度化、监督管理常态化等多方面开展了工作。

本书从“平安机场建设”的角度出发，结合浦东机场的管理实践，从安全管理体系(SMS)、飞行区与非飞行区的安全建设以及安全机场评价等多个方面对平安机场的建设工作进行了分析、提供了建议，并对平安机场的未来发展模式提出了展望。

在本书的编撰过程中，浦东机场的平安机场建设也并未止步，在上海国际航运中心建设的“十四五”规划中，浦东机场将成为“业内领先的平安机场”作为目标，致力打造全感知、可视化、主动防御的空港安全体系，建设航空器高级场面引导系统(A-SMGCS)，继续强化航空枢纽建设、运行全过程安全管理。

2021—2030年是四型机场建设的全面推进阶段，在这样的背景下，笔者相信本书不仅能对浦东国际机场的平安机场建设有所裨益，还能给予各地机场的平安机场建设工作一定程度上的帮助。

最后，由衷地感谢所有支持和帮助我们完成本书的人士。感谢团队成员马骏祎、丁玥、丁皓然、黄梓浩、徐晶、景奕钦的辛勤付出，感谢浦东机场的相关专家们给予的支持，感谢出版社编辑团队的专业指导。

马国丰

2023年10月25日